易学易懂的理工科普丛书

极简图解
顺序控制原理和基本电路

（原书第 2 版）

［日］武永行正　著

高明　黄显宇　刘朝阳　等译

机械工业出版社

　　本书以身边的实例介绍了什么是顺序控制以及顺序控制的应用和发展。作为顺序控制的基础，本书首先介绍了继电器的作用、触点类型、继电器控制电路以及相关的传感器信号处理和布线，用于顺序控制的输入设备、显示设备和触摸面板以及驱动设备。之后通过实际布线图、电路图符号的对照，介绍了顺序图的看法和画法。然后通过 ON-OFF、AND、OR、自锁/互锁、定时器/计数器、复位等典型电路介绍了梯形图的概念及绘制方法，解释了线圈重复的概念以及梯形图电路与实际继电器电路的细微差异。在此基础上又详细介绍了顺序控制梯形图电路的创建方法，并通过应用实例完整地介绍了顺序控制项目的实际开发过程。最后，从实用的角度介绍了串行通信、模拟量的转换、浮点数及字符串的处理、索引修饰、程序循环的处理、程序结构化的技巧以及程序的结构化方法等实用技术。

　　通过本书的阅读，读者可以快速了解顺序控制技术的全貌，并对其原理和实用方法有一个全面的理解，从而为实际的开发打下深厚的技术基础，为顺序控制领域技术开发提供具有启发性的理论学习和实践指导。

译 者 序

仔细回想一下我们日常所进行的一些事务和活动，不难发现所有这些几乎都是按照一定的步骤和顺序来进行的。因此，如果想让自动化机器代替人类完成这些活动，就离不开顺序控制。实际上，顺序控制已经广泛应用到社会生产和日常生活的方方面面，以保证各项工作按步、有序地进行。在工业生产领域，顺序控制系统应用更广，尤其在机械行业，会利用顺序控制来实现加工设备的自动运行。在日常生活中，顺序控制也以不经意的方式存在于我们的家用电器、楼宇电梯等生活设备中。因此，我们有必要学习什么是顺序控制，以及顺序控制的基本原理及实现方法。

在现代自动控制系统中，顺序控制是最基本的控制方式之一，也是最常用的控制方式之一，广泛应用于工业自动化、交通运输、医疗卫生、军事等领域。在工业自动化领域，顺序控制被广泛应用于生产加工线控制、机器人控制、自动化装配控制等。在交通运输领域，顺序控制被广泛应用于交通信号控制、地铁列车运行控制、机场运行控制等。在医疗卫生领域，顺序控制被广泛应用于医疗设备控制、手术机器人控制等。在军事领域，顺序控制被广泛应用于飞行器控制、舰船控制和武器控制等。随着计算机技术的不断发展，顺序控制也在不断发展，未来的顺序控制将更加智能化、自动化、网络化，顺序控制将更加注重人机交互、数据采集、数据处理、数据分析等，以更好地满足不同领域的应用需求。

本书以身边的实例介绍了什么是顺序控制以及顺序控制的应用和发展。在顺序控制基础方面，本书首先介绍了继电器的作用、触点类型、继电器控制电路以及相关的传感器信号处理和布线，用于顺序控制的输入设备、显示设备和触摸面板以及驱动设备等。之后通过实际布线图、电路图符号的对照，介绍了顺序图的看法和画法。然后通过ON-OFF、AND、OR、自锁/互锁、定时/计数器、复位等典型电路介绍了梯形图的概念及绘制方法，解释了线圈重复的概念以及梯形图电路与实际继电器电路的细微差异。在此基础上详细又介绍了顺序控制梯形图电路的创建方法，并通过应用实例完整地介绍了顺序控制项目的实际开发过程。最后，从实用的角度介绍了串行通信、模拟量的转换、浮点数及字符串的处理、索引修饰、程序循环的处理、程序结构化的技巧以及程序的结构化方法等实用技术。

本书的第 1 章介绍顺序控制的概念，身边的顺序控制实例，顺序控制的发展以及在自动化制造设备中的应用。第 2 章介绍顺序控制的基础，包括顺序控制与 PLC、继电器及其作用、继电器触点及其类型、继电器电路、传感器的种类及信号处理和布线、基于继电器的控制及简单控制电路的制作和基本电路理解。第 3 章介绍用于顺序控制的设备，包括输入设备、显示设备和触摸面板、驱动设备。第 4 章介绍顺序图的看法和画法，包括实际布线图、电路图符号、顺序图。第 5 章介绍顺序控制电路，包括 ON-OFF 电路、AND 电路、OR 电路、自锁/互锁电路、定时器/计数器电路、梯形图的概念及其输入输出和复位与自动运行、线圈重复、梯形图电路与继电器电路的细微差异。第 6 章详细介绍顺序控制电路的绘制方法，包括顺序控制所需的设备和软件、电源电路、PLC 输入/输出端子的接线、GX Works2 软件的起始设置及使用方法、梯形图绘制、PLC 注释信息的添加、PLC 参数的设置、梯形图电路的下载与上传、顺序控制器和计算机的连接方法、简单电路的制作、顺序控制器的控制设备、定时器和计数器、数据寄存器、BCD 输出、BIN 输入、解码器和编码器、数据转移、步进控制梯形图的创建、基于步进控制的输出电路、分步控制梯形图的创建、基于分步控制的输出电路、程序的实际流程分析、交替型和瞬时型电路、特殊功能继电器等。第 7 章以一个实际的顺序控制为例，进行顺序控制程序的创建，包括程序动作的映像与思考、设备编号的总体安排、各加工工序设备编号的确定、加工工序动作的确定、条件分支及电路结构、顺序控制器的参数设定、输出电路的制作、电动执行机构的控制、I/O确认、顺序控制器的程序写入和验证、程序质量的优化、缓冲存储器的存取、串行通信、模拟量的转换、结构化的技巧以及程序的结构化、索引修饰及其使用方法、循环程序的处理和浮点数、字符串的处理等。

本书为顺序控制学习的初学者提供了一本通俗易懂、内容全面、翔实深入的学习参考书。通过本书的学习，读者可以快速了解顺序控制技术的全貌，并对其原理和使用方法有一个全面的理解，从而为实际的开发打下深厚的技术基础，为顺序控制领域技术开发提供具有启发性的理论学习和实践指导。

本书由高明、黄显宇、刘朝阳等翻译，其中的原书前言、第 1 章、译者序由刘朝阳翻译和撰写，第 2~6 章由高明翻译，第 7 章由黄显宇翻译。徐倩、罗洪舟、邓强参与了本书的翻译工作。全书由王卫兵统稿并最终定稿。在本书的翻译过程中，全体翻译人员为了尽可能准确地翻译原书的内容，对书中的相关内容进行了大量的查证和佐证分析，以求做到准确无误。为方便读者对相关文献的查找和引用，在本书的翻译过程中，保留了所有参考文献的原文信息。

鉴于本书较强的专业特点以及在专业术语和表达习惯的不同，翻译中的不妥和失误之处在所难免，望广大读者予以批评指正。

译　者
2023 年 11 月于哈尔滨

原 书 前 言

在进行工业生产的厂房里，有着各种自动运行的机器，代替了人进行的作业。这些自动运行的机器通常是通过一种被称为梯形图的语言进行编程和控制的。

近年来，日本在小学教育阶段就开始了编程教育，同时整个日本对编程感兴趣的人也逐渐增多。说到编程，经常会联想到诸如 Web 网络编程等个人计算机（PC）和智能手机用到的程序编制，但是本书介绍的是使工厂生产设备自动运转等所需的梯形图，是一种自动控制程序设计语言。

机器运转并自动进行物件的组装，这一类自动控制事物的基础是顺序控制。顺序控制的事例在我们身边也有很多，并且通常出现在人们不会注意到的地方。顺序控制不是严格意义上的编程，而是以类似编程的思想进行自动控制逻辑的设计和实现。

这虽然看起来很难，但是提高顺序控制的关键是如何想象电路的动作流程。通过本书的介绍，希望读者能体验到自由控制机器的乐趣。

本书面向学习顺序控制的读者，讲解了继电器的基本操作方法、使用顺序控制器进行梯形图制作，以及在实际现场的使用方法。

本书的宗旨是使读者通过本书的学习，能够学会简单继电器控制电路创建的方法，能够进行顺序控制器的接线、梯形图的创建及控制器的运行，进而掌握顺序控制的思想和编程思维。

本书使用的顺序控制器是三菱生产的顺序控制器，但是对于其他厂商生产的顺序控制器来说，顺序控制的使用方法也基本相同，只是操作软件的使用方法因厂商的不同而异。

如果您能将本书用于顺序控制的学习，本人将不胜荣幸。

著者　武永行正

2021 年 4 月

目　　录

极简图解顺序控制原理和基本电路（原书第 2 版）

第 7 章　顺序控制程序的创建

第 **1** 章

什么是顺序控制

　　顺序控制是一种常见的自动控制方法。顺序控制是什么样的控制，在什么情况下可以使用呢？本章将对顺序控制进行概括性的介绍，使得读者对顺序控制有个大致的认识。

顺序控制

随着生产工厂自动化程度的不断提高，物品生产的主体不再是人，而是机器设备，这些机器设备自动化的核心机制就是顺序控制。

▶▶ 什么是顺序控制

"顺序"这个词，直译过来就是"按顺序排列"的意思。顺序控制便是按照预先排列的顺序进行控制，即按顺序进行的控制，是指预先对工作步骤进行编程，再在实际运行中按照程序进行的控制。

例如，全自动洗衣机，当按下开始键后，洗衣机就会自主完成"供水➡清洗➡漂洗➡脱水"等一系列步骤。之所以如此，是因为洗衣机预先设定好了"供水➡清洗➡漂洗➡脱水"的程序。如果没有该预先设定的自动控制程序，就需要先按下"清洗"按钮，15min后再来按一下"漂洗"按钮，如此等等。

由于预先设定好了各种程序，从而使得机器设备起动后能够自动完成剩余的工序，工作效率自然会更高。像这样实现自动化的机制就是顺序控制。

▶▶ 顺序控制只能按顺序工作吗

前面提到，顺序控制是按顺序进行的控制，那么顺序控制只能按顺序进行工作吗？的确，其机理是按照顺序进行控制的。只不过，它可以通过设定条件等来改变动作进行的顺序。

例如，在预先设定好如何操作的程序中，可以编辑多种动作模式，以便根据条件来改变工作进行的程序，从而可以实现各种不同工序的动作。实际上，由于在预先设定好如何操作的程序中设定了精细的条件分支[○]以改变其实际的工作顺序，从而可以实现高度自由的控制。

在工厂中使用的工业机器、自动生产线等几乎都采用了顺序控制。我们从现在开始学习顺序控制，随着学习的进行，就会了解到顺序控制十分适用于工业机器和设备的控制。

什么是顺序控制

○ 条件分支指根据是否满足某个条件来切换下一步要执行和处理的指令。

1-2

身边的顺序控制

我们身边也存在着许多使用顺序控制的例子，只是大家可能没有注意到而已，顺序控制与我们的生活有着很大的关系。

▶▶ 洗衣机

洗衣机是一台可以清洗脏衣服的机器，非常方便。衣服堆得太多时，人会暴跳如雷，但只要把要洗的衣服放进洗衣机，按下启动按钮，洗衣机就会自动完成从供水、清洗、漂洗到脱水等全部过程。

洗衣机虽然被称为"全自动的机器"，看起来非常先进，但实际上只是按顺序进行运转而已。具体而言，其是通过传感器等来掌握自身的状况，再根据具体状况调整控制内容，这就是一个基本的顺序控制流程。除了预先设定的标准洗衣程序外，还可以按照程序改变各个环节的工作时间和动作次数。

▶▶ 电梯

大家都坐过电梯吧。只要按下按钮，电梯就能把人带到想去的楼层，这是一种非常方便的交通工具。百货商店等公共场所里就有这样的电梯，为众多顾客提供服务。

如此方便的电梯，其实也运用了顺序控制。在没有任何指令的情况下电梯停止，但只要按下呼叫按钮，就会移动到目的楼层。到达后，电梯门打开，过一会儿又关上。

进入电梯时，只要按下目的楼层按钮，电梯就开始升降运动。如果中途有人按了别的楼层的按钮，电梯就会在相应的楼层停止。

通过顺序控制，电梯沿着行进的方向运动，当到达目的楼层后停止。由于目的楼层因乘坐电梯的人而异，所以可以设定多个不同的目的楼层。

极简图解顺序控制原理和基本电路（原书第2版）

这个叫作全自动洗衣机的机器，只要往里面投入需要清洗的衣物，按下按钮，就会自动完成从给水一直到脱水的全部过程。

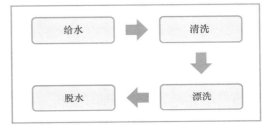

▲ 全自动滚筒洗衣机（源自Charismaniac）

第1章

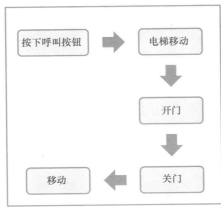

▲ 电梯按钮（源自davetron5000）

5

顺序控制的发展

　　顺序控制是一种从很久以前就开始使用的方法。在现代的工厂里，机器人等能够完成复杂的工作，给人一种智能化的高科技印象，这也是得益于最新顺序控制的技术进步。

▶▶ 通过凸轮组进行的动作控制

　　通过凸轮组进行的动作控制，现在也仍然在使用，它用于简单的连续动作。汽车发动机的气门工作就是采用凸轮组进行控制的。

　　将多个凸轮排列在一起构成一个凸轮组，用电动机驱动其转动，实现各个动作的推拉控制，进而带动整台机器进行工作。电动机每旋转 1 周，即完成 1 个周期的动作。

　　与软件设计实现的控制不同，通过凸轮组进行的动作控制需要更多的机械设计。由于凸轮动作顺序难以改变，现在已经不太常见了。

▶▶ 继电器控制

　　如本书第 2 章中所述，现在更多使用了被称为继电器的装置。继电器在被施加电压时为 ON 的状态，电压断开时为 OFF 的状态。通过继电器的组合即可以实现顺序控制。

　　复杂的继电器控制，现在也已经不太常见了，不过，用分离的继电器控制可以廉价地制作简单的控制电路。继电器控制是顺序控制的基础，本书也将会首先为大家讲解继电器控制。

▶▶ 利用 PLC 进行控制

　　PLC 是可编程序逻辑控制器（Programmable Logic Controller，PLC）的缩写，这会在第 2 章进行详细介绍。顺序控制的实现，除了 PLC 以外，还有微控制器等各种不同的实现方式。由于本书以 PLC 为中心进行介绍，所以在此将其表述为"PLC 等"。PLC 是一种能够在个人计算机上对其继电器控制电路进行编程的设备。随着时间的推移，PLC 也在不断发展，目前的 PLC 不仅可以连接到以太网[⊖]，并且紧凑、小巧的机型也越来越多。

凸轮组控制

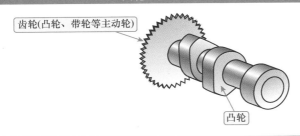

齿轮(凸轮、带轮等主动轮)

凸轮

继电器控制（电磁继电器）

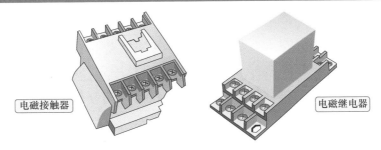

电磁接触器

电磁继电器

PLC 控制

▲ 控制盘中的继电器（源自 Buto）

继电器控制盘

⊖　以太网，计算机网络的标准之一。

自动化制造设备

顺序控制被广泛应用于工业生产设备的自动控制中，在此介绍的仅仅是其中的一小部分。

▶▶ 螺钉紧固装置

我们在制造物品时，很多时候都需要使用螺钉进行组装。虽然也可以用电动螺丝刀等工具一颗一颗地拧紧螺钉，但如果紧固点是固定（拧紧操作位于相同的地方）的，则可以利用机器人等来自动进行螺钉的紧固操作。

虽然可以采用机器人，但如果螺钉紧固的数量很少，只有1、2颗的话，则采用组合套筒会显得更简单。实际上，大量螺钉紧固的工作是很费时间的，所以自动化在此能够带来极大的好处。

▶▶ 测试装置

测试装置所进行的基本上都是同样的重复动作，因此很适合采用自动化的方式来进行。在高电压下进行测试时，采用自动化设备进行，还可以降低触电的危险性。

像耐久性试验这种长时间重复同一动作的情况，自动化是最有效的。耐久性试验是指通过多次操作产品的可动部分来检验产品耐久性的试验。人如果多次做同样的动作，效率会非常低，所以需要实现自动化。在这种情况下，大多都可以很容易地实现自动化。

▶▶ 搬运装置

这是用传送带等装置搬运产品，或者从传送带上取出产品等。此外，也有在工厂的通道上搬运零部件的装置。

将在特定位置的工件○用机器手提起，移送到想要搬运到的位置，再放下工件，进行这一系列作业的个体被称为 pick & place，有时简称为 PP。

螺钉紧固装置

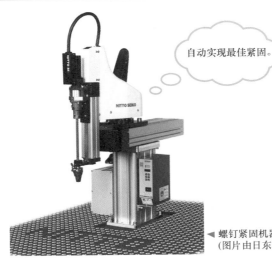

自动实现最佳紧固。

◀ 螺钉紧固机器人
（图片由日东精工股份有限公司提供）

搬运装置

无人管理的搬运产品和零件流水线。

◀ 搬运机器人
（源自Elettric 80）

○ 工件，组装设备的部件（基座和盖等）统称为"工件"。

电压和电流

电气参数中有电压和电流。想象一下水的流动就很容易理解了。

假设有一条河流，电压是水流动的势头，电流就是水流的流量。如果河道变窄，则那部分的水流就会变少，这就是阻力。

电气设备都有相应的额定电压。后续介绍的控制设备也均有相应的额定电压，需要按照该电压使用设备。根据设备的不同，其电流也有所不同，有的较大，有的较小。

这些设备可以看作是负荷，也就是电阻。电压和电阻共同决定通过设备的电流。

顺序控制也需要简单的电气知识。大家刚开始可能还不会使用，但请先熟记下表的关系式。

电压＝电流×电阻
电流＝电压÷电阻
电阻＝电压÷电流
功率＝电压×电流

第**2**章

顺序控制的基础

　　我们理解顺序控制时，首先要了解使用继电器控制的原理。使用继电器控制是顺序控制的基础，具有非常重要的意义。在本章中，我们将了解什么是继电器、继电器的使用方法，以及如何制作继电器控制电路。

顺序控制与 PLC

PLC 是可编程序逻辑控制器的缩写，是用于顺序控制并可以写入顺序控制程序的设备。

▶▶ 什么是 PLC

顺序控制是按照一定的步骤顺序进行的控制，实际实现上是通过在不同设备上写入各种控制程序进行的。在微控制器上写入程序并运行时，必须配备电源和消除噪声的电路。

PLC 就是将这样的整套电路全部封装在一起所构成的控制设备。PLC 程序的改写，允许在控制动作进行的过程中进行，程序的改写也可以只更改其中的某些部分。

▶▶ PLC 的用途

PLC 的成本要比单独的微控制器高很多。从用途上来说，通常用于世界上只需要几台的被称为"专用机器"的设备中。换句话说，用于作为组装和测试产品的设备（除此之外，基本上不能用于其他任何用途）之中。

这是因为，与微控制器不同，PLC 易于调试[○]，并且具有多功能性，可以响应被控机器生产产品规格的变化。另一方面，它基本上不用于大批量生产的设备之中，因为它的价格太贵了。对于大批量生产的设备或产品，例如家电产品，没有特别需要进行程序调试，这是因为家电售出后几乎不可能进行调试，因此，为了降低成本，也为了减小设备的体积和尺寸，实现小型化，而使用微控制器。

○ 调试，查找并消除程序中的错误。

▶▶ 什么是步序器

所谓步序器是由三菱电气生产的 PLC。三菱电气生产的 PLC 性能好，被广泛使用。因此，也有人把 PLC 统称为"步序器（Sequencer）"。对于这些人来说，需要注意的是，并不是所有被称为步序器的 PLC 都是三菱电气生产的。

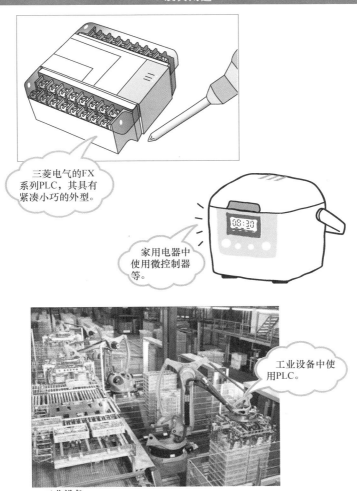

PLC 及其用途

三菱电气的FX系列PLC，其具有紧凑小巧的外型。

家用电器中使用微控制器等。

工业设备中使用PLC。

▲ 工业设备
（源自Bread KUKA Roboter GmbH，Bachmann）

继电器（电磁继电器）及其作用

继电器是由电磁线圈和若干个触点构成的设备，根据用途的不同具有各种各样的类型，从小型到大型。

▶▶ 什么是继电器

我们可能会好奇，既然是顺序控制，为什么要了解继电器呢？这是因为 PLC 程序的基础是继电器电路，如果对继电器电路十分了解，编写 PLC 的程序就会变得容易。那么，继电器是什么样的呢？

在继电器中有电磁线圈，当电流通过电磁线圈时线圈就会像电磁铁那样对继电器中的触点进行吸合。作用的结果等同于在电磁线圈中有电流通过，就会接通继电器的触点，使得继电器就像一个间接开关一样。

有些继电器还带有 LED 指示灯，在其动作时 LED 灯会亮起，从而确认其是否动作。此外，继电器动作时还会发出"咔嗒咔嗒"的声音，因此只要侧耳倾听，就能确认其是否动作。

如下一页中的图片所示，在线圈中没有电流通过的状态下，端子"C"和"B"是互相接触的。当电流通过线圈时，会对触点产生吸引作用，在这种状态下，端子"C"和"A"是互相接触的。也就是说，端子"C"和"A"之间就像有一个开关一样。

在此，"A""B""C"被称为接线端，与其相连的前端接触部分称为触点。如下一页的图所示那样的连接，当触点动作时，灯泡就会亮起。

▶▶ 继电器的作用

继电器的作用多种多样。继电器的电磁线圈部分消耗的电力是很少的，但是，其触点部分则具有比电磁线圈更大的电力开关能力。

控制电路一般是用较低的电压（如 DC 24V 等）控制，由于电压

较低，不能直接驱动例如 AC 100V 的负荷（电气设备）工作。继电器
的使用则可以使大负荷的负载正常工作。

继电器和继电器电路

左侧为在顺序控制中所使用的控制继电器，右侧为电磁接触器类型的继电器。

继电器在透明罩内，可以观察到内部动作的情况。黑色部分为接线底座，需要注意的是，该部分是分开售卖的。

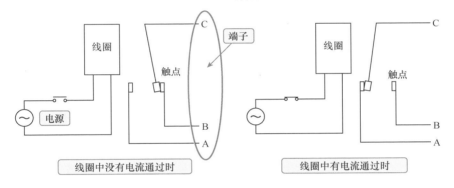

线圈中没有电流通过时

线圈中有电流通过时

需要确认线圈中电压
和直流电、交流电的
规格无误。

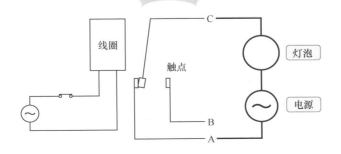

触点及其类型

触点是指用于接通或断开部分电路的部件。在继电器、开关等各种装置中，触点都被广泛使用。

▶▶ 什么是触点

触点是采用能够耐受电气回路开闭时产生的电弧、不易氧化的材料制成的。当电气回路断开时，电流切断的瞬间会产生火花。正如我们在进行插座插拔时，有时可能会出现蓝色的小火花，这就是电弧。

由于该电弧的产生，即使在金属表面上也会逐渐发生熔化或腐蚀，因此在有电弧产生的部分（电路开闭部分）就需要使用到触点。

▶▶ 触点的类型

触点的作用固然重要，但在控制电路中，触点的类型也很多。继电器的触点在电磁线圈的作用下能够产生动作的部分称为动触点。以该动触点为基准，其动作时所接触到的触点称为 a 型触点，不动作时所接触到的触点称为 b 型触点。

像这里的动触点那样，可分别与 a 型触点或 b 型触点接通的触点端称为 COM⊖，可以读作"common"，也可以单纯地读作"com"。请记住，当继电器通电时，与 COM 端接通的触点通常为 a 型触点，与 COM 端断开的触点通常为 b 型触点。

小型微型开关等也采用类似的触点结构。a 型触点也被称为常开触点，或者 NO⊜。b 型触点有时也被称为常闭触点，即 NC⊛。

⊖ COM，Common 的缩写。
⊜ NO，Normally Open 的缩写。
⊛ NC，Normally Close 的缩写。

连接到继电器端子座的方法

　　继电器通常具有 2 组或 4 组触点，被用于控制逻辑电路中。继电器的下侧有接线端，但一般不直接使用这些接线端，而是将继电器插在相应的端子座上使用。继电器插在端子座（插座）上时，其接线端子的排列情况，如下页的图所示。

触点的类型

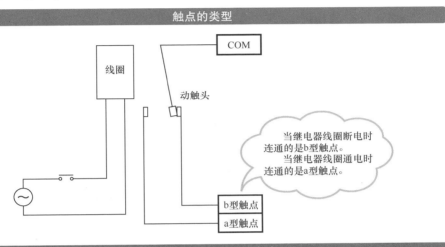

线圈

COM

动触头

当继电器线圈断电时连通的是b型触点。
当继电器线圈通电时连通的是a型触点。

b型触点
a型触点

连接到继电器端子座的方法

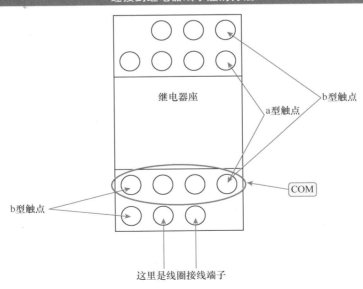

继电器座

a型触点

b型触点

b型触点

COM

这里是线圈接线端子

继电器电路

即使理解了继电器的构造，如果不知道其使用方法也是毫无意义的。我们下面来介绍其基本的使用方法，看看到底该如何使用继电器？

▶▶ 继电器电路

假设有如下页上图（左）所示的电路。按下按钮时，电流通过继电器的线圈，从而使线圈产生吸合动作。此时，继电器的触点也会因此产生动作，触点动作会使得灯泡点亮。如果松开开关，触点也会断开，灯泡就会熄灭。

大家也许已经注意到了，实际上这是一个没有任何意义、毫无用处的电路。这种情况下，我们直接按下按钮让灯泡亮起来就可以了。为此，我们再来看如下页上图（右）所示的电路。

这个电路将灯泡的部分换成了 LED 指示灯。因为按钮部分是交流电（AC），所以不能直接点亮 LED 指示灯（LED 使用直流电，仅对应DC）。因此，在 LED 的电路中提供 DC 电源，并通过继电器的触点动作来点亮 LED 指示灯。

如果仔细研究一下这个电路的话，同样可以发现直接在 DC 电路上安装按钮就可以了。本章将之所以如此进行介绍，是为了说明像这样的连接，可以通过继电器来改变电路的工作电压，或者使不同系统的电路协同工作。

▶▶ 定时器

定时器的机理和继电器基本相同。定时器上面有一个拨码盘，这个拨码盘用于定时器的时间设定。以如下页下图所示的电路为例，假设将定时器的定时时间设定为 1s。则当按下按钮时，电流通过定时器的线圈。但是，这个时候定时器的触点还不能动作，直到 1s 后才会有触点动作的发生。

　　也就是说，按下按钮 1s 后，灯才会亮起。这样，当电流通过定时器线圈后，就可以按设定的定时时间延迟触点的动作时间。

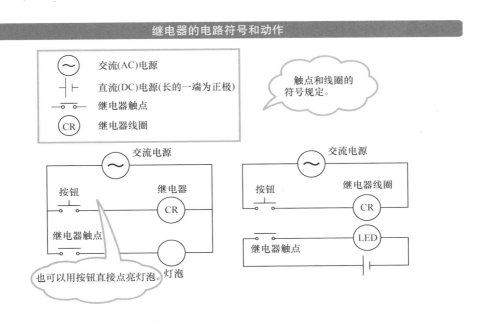

继电器的电路符号和动作

～　交流(AC)电源

╂　直流(DC)电源(长的一端为正极)

──　继电器触点

CR　继电器线圈

触点和线圈的符号规定。

交流电源

按钮　　　继电器　CR

继电器触点

也可以用按钮直接点亮灯泡。　灯泡

交流电源

按钮　　　继电器线圈　CR

继电器触点　LED

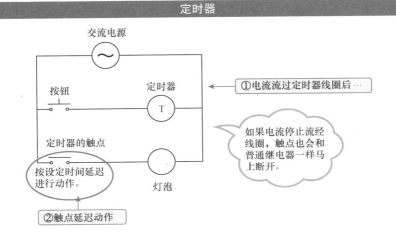

定时器

交流电源

按钮　　　定时器　T

①电流流过定时器线圈后…

定时器的触点

如果电流停止流经线圈，触点也会和普通继电器一样马上断开。

按设定时间延迟进行动作。　灯泡

②触点延迟动作

第2章

传感器的种类

大家应该都听说过"传感器"这个词。那么，如何使用传感器呢？说到使用方法，大家可能会觉得很难。在顺序控制中，传感器是必需的。接下来，我们来看一下使用频率较高的光电传感器。

▶▶ 光电传感器（透射式）

首先，让我们来介绍被称为透射式的光电传感器。这种类型的光电传感器，光从传感器发射出，当发射出的光被遮挡时传感器就会产生反应。透射式传感器的结构是一侧为发光侧，另一侧传感器进行光的接收。

如下页上图所示，我们尝试遮挡住传感器之间的缝隙。如果遮挡了光，传感器就不能接收到光，进而会做出反应。

像这样，分为发光的一侧（投光器）和接收光的一侧（受光器）的光电传感器被称为透射式传感器。

▶▶ 光电传感器（反射式）

接下来让我们看看反射式传感器。反射式传感器是另一种类型的光电传感器，是投光器和受光器合为一体的传感器。

如下页的下图所示，如果将物体放在传感器的前面，传感器发出的光则会被反射回来，从而使得光电传感器因为接收到了反射光而做出反应。反射式光电传感器通过传感器自身发出的光来判断传感器前方是否有物体存在。

▶▶ 光电传感器的区别使用

如上所述，光电传感器大致可以分为透射式和反射式两种不同的类型，每一种类型各有其特点。透射式光电传感器在检测物体是否存在时，要稳定地工作，需要分别在物体两侧安装投光器和受光器。

而反射式光电传感器，因为投光器和受光器是一体的，安装在一处即可。但是，根据被检测对象的反射率和角度的不同，反射式光电传感器存在检测不稳定的情况。

光电传感器（透射式）

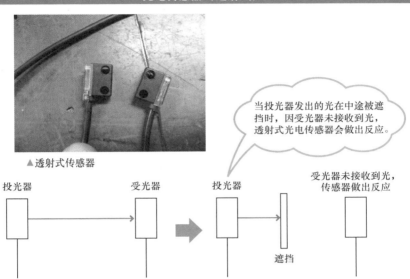

▲透射式传感器

当投光器发出的光在中途被遮挡时，因受光器未接收到光，透射式光电传感器会做出反应。

投光器　　　　受光器　　　　投光器　　　受光器未接收到光，传感器做出反应

遮挡

光电传感器（反射式）

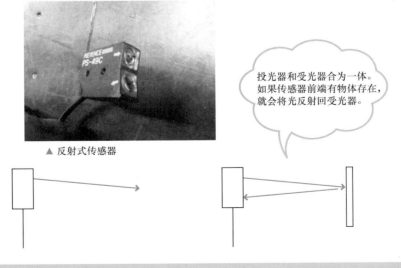

▲反射式传感器

投光器和受光器合为一体。如果传感器前端有物体存在，就会将光反射回受光器。

2-6

传感器信号的处理和布线①

使用光电传感器实际操作继电器，其布线工作本身是很简单的。本节将先介绍布线前的注意事项，再对布线进行详细介绍。

▶▶ 布线前的注意事项

在光电传感器的说明书上有 dark on（暗开）和 light on（亮开）这两种说法。有些传感器，也会用"D/O"或"L/O"来表示。当然也有可以通过选择开关来进行暗开和亮开切换的传感器。

dark on 和 light on 的输出是相反的。例如 dark on，当光无法到达传感器的受光器时，传感器输出变成 ON（因为暗所以成为 dark on）。此时，对于透射式传感器，对应于传感器之间有物体存在的情况；对于反射式传感器，则对应于传感器前方没有物体存在的情况。light on 则完全相反。也就是说，反射式传感器和透射式传感器的输出也是相反的，因此，使用时需要多加注意。

▶▶ 传感器的布线

如下页上图所示，传感器上配置了带有颜色的导线。其中，棕色是 DC 电源的+（正）极。由于在工业设备行业中经常使用 DC24V 的电源，因此，此处加入了 DC 24V 的+（正）极。

接下来，蓝色的导线是 DC 24V 的-（负）极，按如图所示直接连接即可。投光器和受光器的导线颜色标注意义相同，其棕色和蓝色的导线是电源线，因此，可以一起连接到供电电源上。

最后还有一根黑色的导线，是信号线。当传感器产生反应输出时，这个信号线变为负（-）。也就是说，如果像下页下图所示那样进行布线的话，当传感器产生反应输出时，继电器就会有动作发生。

极简图解顺序控制原理和基本电路（原书第 2 版）

DC 继电器线圈的正（+）极侧始终要施加正（+）的电源电压。在有多个传感器的情况下，需要给所有的继电器提供正（+）的电源电压。因为它们是一起供给的，所以称为正极公用。然后，将继电器的线圈的负极连接到传感器的信号线上即可。

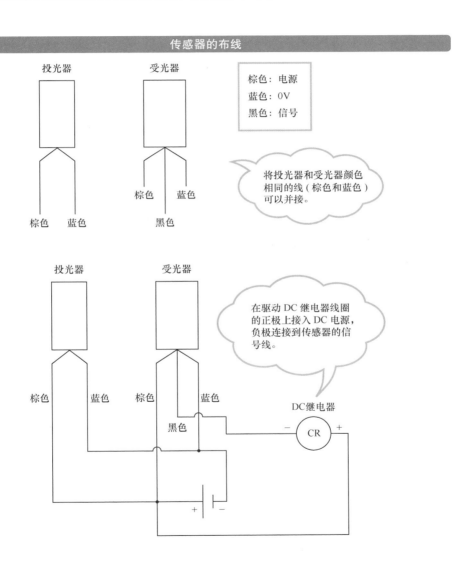

传感器的布线

投光器　　　　　受光器

棕色：电源
蓝色：0V
黑色：信号

将投光器和受光器颜色相同的线（棕色和蓝色）可以并接。

棕色　　蓝色

棕色　　蓝色

黑色

投光器　　　　　受光器

在驱动 DC 继电器线圈的正极上接入 DC 电源，负极连接到传感器的信号线。

棕色　　　　蓝色　　　棕色　　　蓝色

黑色

DC继电器

−　CR　+

+　　−

传感器信号的处理和布线②

另一个代表性的传感器被称为气缸传感器。因为，在气缸驱动的设备中一定会使用该类型的传感器，请大家记住其连接方法。

▶▶ 气缸传感器

下面先简单介绍一下气缸传感器。气缸是用空气驱动的设备，经常被用于自动装置[⊖]等。将空气送入气缸时，气缸就会工作，但需要确认其是否真正开始工作。例如，气缸损坏或者在中途被物体卡住了，就不能继续工作。

如果设备在气缸不能正常运转的状态下运行的话是非常危险的，有些情况下可能会生产出大量的残次品。因此，在使用气缸控制的设备时，一定要确认气缸的工作状况。气缸内有活塞，活塞上有磁铁，对这个磁铁产生反应的是气缸传感器。气缸向前移动（实际上是内部活塞向前移动）时，气缸上的传感器就会对磁铁产生反应并开始动作。

气缸传感器通常安装在气缸的前进侧和后退侧，并据此判断气缸是前进还是后退。如果前进侧和后退侧的传感器都没有反应的话，就表示活塞正在运动或者是停止在中间位置。气缸传感器也被称为感应开关。

▶▶ 气缸传感器的布线

气缸传感器的连接比光电传感器简单，其三线制的布线连接与光电开关的布线相同。

目前我们经常遇到的是采用二线制布线的气缸传感器。在这种情况下，可以将其看作是一个具有极性的开关。在继电器线圈的正（+）

⊖　自动装置，自动进行办公和施工作业的设备。

极连接 24V 电源，然后在继电器线圈的负（−）极连接气缸传感器的棕色引线。气缸传感器的蓝色引线一侧，与 24V 电源的负（−）极连接。这样，当气缸传感器动作时，继电器也会随之动作。

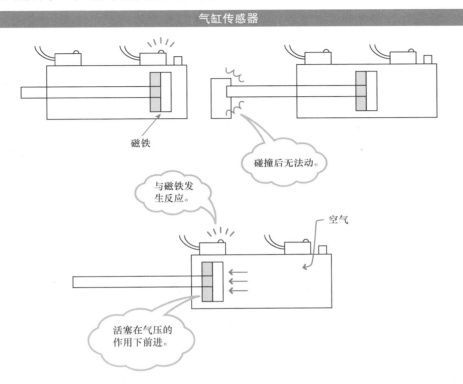

磁铁

碰撞后无法动。

与磁铁发生反应。

空气

活塞在气压的作用下前进。

气缸传感器的布线（二线制）

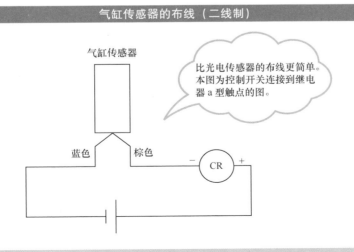

气缸传感器

比光电传感器的布线更简单。本图为控制开关连接到继电器 a 型触点的图。

蓝色　　棕色

CR

第
2
章

基于继电器的控制

前面简单地介绍了继电器,接下来,我们将介绍控制用继电器的使用方法。话虽如此,大家也没必要将其想得特别难,只要在布线上下点功夫即可。

▶▶ 什么是继电器控制

通过继电器进行控制的电路也被称为继电器时序,可使用多个继电器来控制各种设备。说到控制,大家会感觉很难,但本质上就是让多个继电器按顺序动作,然后利用按顺序动作的继电器触点,使被控制对象进行工作。

但这又不是简单地按顺序动作,例如,首先用按钮使继电器动作,然后使气缸前进,前进过程中利用气缸前进时的气缸传感器使指示灯点亮……如此,所进行的过程是边监控被控制对象的状态,边使继电器动作。

▶▶ 继电器控制的重要性

理解继电器控制对顺序控制的作用十分重要。另外,并不是"最终还是要使用 PLC,所以不再需要继电器控制的知识"。当学习到 PLC 程序编写的阶段就会明白,实际上 PLC 控制程序的基础是继电器控制。

在计算机上简单制作出继电器控制的电路图,这样的控制电路图被称为梯形图,在 PLC 上写入的控制程序就是梯形图。关于梯形图后面还会详细介绍,如果我们不能熟练进行继电器控制,也就不能熟练使用 PLC。

接下来要介绍的继电器控制电路基本上是用 DC 电源进行控制的,当然也可以用 AC 电源进行控制,只需要换一种线圈额定电压相符的继电器即可。

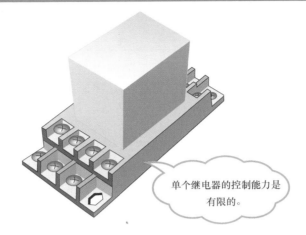

单个继电器的控制能力是
有限的。

多个继电器控制

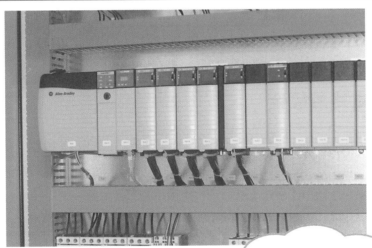

▲ PLC（Elmschrat Coaching-Blog）

使用多个继电器可以构成
复杂的控制电路，但其基
本原理还是使这些用于控
制的继电器按顺序动作。

制作简单的控制电路

　　用继电器制作控制电路。作为控制用的继电器，和之前所介绍的使用方法有些不同。话虽如此，但基本原理一致，所以请大家好好理解其使用方法。

▶▶ 自锁电路

　　如下页最上面的图所示，在这个电路中如果按下按钮，继电器就会起动，如果松开按钮，继电器即会恢复原状。仅仅如此的电路是毫无意义的。

　　为此，可以像下页的中图所示那样，在电路的开关下面并联继电器的触点。

　　当按钮按下时，线圈就会通电，然后触点在线圈的作用下就会动作。这样一来，线圈的触点就可以代替按钮，让电流持续流向线圈，即使松开按钮，线圈也会继续通电。这就是自锁电路。

▶▶ 自锁电路的解除

　　关于自锁电路，有一些注意事项。自锁电路是电路自身可以保持通电状态，因此，自锁电路通电后就不能自动解除。因为存在这个问题，所以必须在自锁电路中设置切断电路的触点。

　　如下页的下图所示，在自锁电路中加入一个由开关控制的 b 型常闭触点。当该触点打开时，给线圈的供电就会停止，自锁电路就会解除。只要切断电路的主电源，自锁电路就会被解除。

　　在下页最下面的电路图中，按下常开开关的按钮，线圈就会通电，按下常闭开关的按钮，自锁电路就会解除，线圈也会恢复到不通电的状态。

　　大家之前可能已经听说过自锁电路这个名词，它是顺序控制的基础。实际上，这种自锁电路也是按顺序动作的。像这样使用继电器的顺序控制电路也被称为继电器时序。

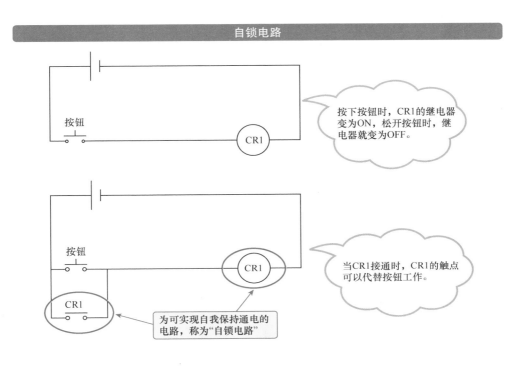

按钮

CR1

按下按钮时，CR1的继电器变为ON，松开按钮时，继电器就变为OFF。

按钮

CR1

CR1

当CR1接通时，CR1的触点可以代替按钮工作。

为可实现自我保持通电的电路，称为"自锁电路"

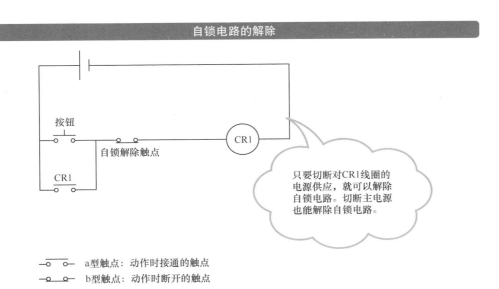

按钮

自锁解除触点

CR1

CR1

只要切断对CR1线圈的电源供应，就可以解除自锁电路。切断主电源也能解除自锁电路。

—o o— a型触点：动作时接通的触点

—o o— b型触点：动作时断开的触点

第 2 章

基本电路理解①

在继电器控制中，基本上是按顺序进行各个自锁电路的自锁，最后解除全部的自锁电路。接下来，将介绍一个简单的电路。

▶▶ 控制内容

如下一页的图所示的电路，该电路的工作过程为，按一下"按钮"，自动运行过程即开始；按一下关闭按钮，自动运行过程即停止。在自动运行过程中，如果光电开关发生反应而动作时，还会触发气缸开始动作。当气缸动作到位后，气缸动作停止，恢复到原来的静止状态。

所谓气缸，就是空气进入时就前进或后退的装置，这里就不再进行赘述。在此，只要给电磁阀供电，气缸就会动。因此，我们假设电磁阀是通过继电器的控制来进行供电的。

▶▶ 电路的讲解

这个电路是通过 DC 电源进行工作的。原则上虽然用 AC 电源也可以工作，但是，因为有传感器等装置，所以需要使用 DC 电源进行。

先从电路图的上部开始按顺序进行介绍。首先，上面的两个线圈（CR10，CR11）用于传递传感器的信号。传感器有反应时，继电器就会发出"咔嗒"声，进而动作。如果想要设置传感器等工作的条件，则可以将触点插入该部分电路。但在如图所示的电路中，该部分是独立工作的。

当一个继电器控制电路变得很复杂时，我们自己也很难理解。所以，应当以控制电路的基本组装方法为基础，力图制作出任何人都能理解的电路。

在接下来的控制电路中，当按下"按钮"时，线圈 CR1 接通。因为这是一个自锁电路，所以只要按一次"按钮"CR1 就会持续保持接通状态。此后，当按下切断按钮时，CR1 的接通状态就会被切断。也就是说，CR1 为自动运行继电器。如果需要自动运行指示灯，可以用 CR1 的 a 型触点点亮该指示灯即可。

接下来是光电开关的作用。当继电器 CR10、CR1 通电时，会使得继电器 CR2 接通。也就是说，当光电传感器做出反应时，如果是自动运行状态，就会接通继电器 CR2。因此，可以用这个 CR2 继电器使驱动气缸的电磁阀工作。这个 CR2 继电器电路也是一个自锁电路。

在用继电器进行顺序控制的情况下，所进行的基本上都是自锁电路的重复应用。

控制电路

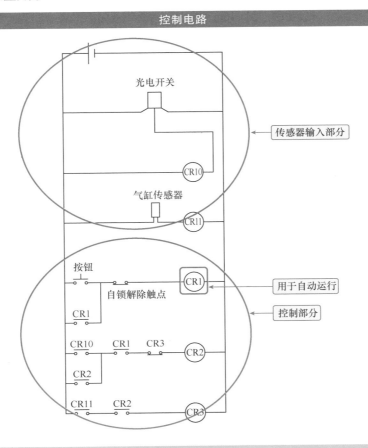

光电开关

传感器输入部分

CR10

气缸传感器

CR11

按钮

CR1

用于自动运行

自锁解除触点

控制部分

CR1

CR10 CR1 CR3 CR2

CR2

CR11 CR2 CR3

基本电路理解②

　　本节将继续对继电器控制的电路进行讲解。在上一节中，我们介绍了继电器 CR2 是通过光电传感器的反应而动作的。

▶▶ 电路解说

　　当继电器 CR2 接通时，气缸开始工作。这样，当气缸运行到前进端时，气缸传感器就会产生作用。这个气缸传感器引起动作的继电器就是 CR11。在 CR2 接通后，若继电器 CR11 也接通，则继电器 CR3 接通。也就是说，在气缸工作的过程中，若气缸传感器动作，则继电器 CR3 即动作。

　　继电器 CR3 的接通会发生什么呢？由于继电器 CR2 自锁电路的条件中有 CR3 的 b 型触点，也就是说，继电器 CR3 的接通会使得继电器 CR2 的自锁电路解除。CR2 自锁电路解除后，气缸的工作停止，同时继电器 CR3 的通电状态也会解除，电路返回到 CR2 通电前的状态。

　　如果使光电传感器再次产生反应，就重复上述相同的控制过程。这就是继电器控制的基本原理。

　　这个电路中有个条件，即使继电器 CR11 单独接通，继电器 CR3 也不能动作。实际上，准确地编制继电器动作的条件是非常重要的。如果不这样做，电路就会从中途某个时刻开始工作，会进入异常危险的状态。如下页的电路图所示，按顺序接通线圈来实现的控制一般被称为步进控制。

　　另外，根据不同的条件，动作也会发生变化。在这个电路中，如果在气缸起动后马上按下关闭按钮"切"，则在按下"切"按钮的瞬间气缸就会返回到失电状态，停止工作。在这个电路图中，CR2 的触点并联到 CR10 的触点上，形成了自锁电路。在此，也可以先试着将

CR2 触点的并联改到触点 CR10 和触点 CR1 串联出口上。

用下图所示的电路图来说明的话，触点 CR2 的右侧是连接在触点 CR10 和触点 CR1 之间的。若把这个连接点拆开，将其改接到触点 CR1

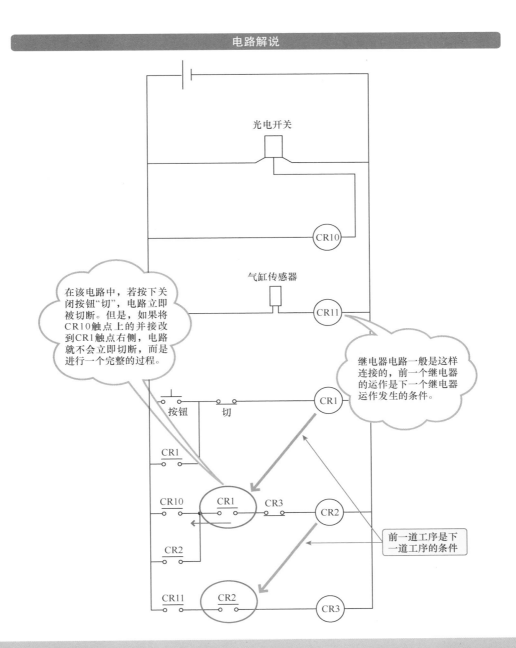

电路解说

光电开关

CR10

气缸传感器

CR11

在该电路中，若按下关闭按钮"切"，电路立即被切断。但是，如果将CR10触点上的并接改到CR1触点右侧，电路就不会立即切断，而是进行一个完整的过程。

继电器电路一般是这样连接的，前一个继电器的运作是下一个继电器运作发生的条件。

按钮　　切　　CR1

CR1

CR10　　CR1　　CR3　　CR2

CR2

前一道工序是下一道工序的条件

CR11　　CR2　　CR3

和线圈 CR3 之间的位置，这样的话，即使在气缸工作的过程中切断自动运行状态，气缸工作也会在完成时才会停止。这被称为循环停止。如此可以看到，根据触点位置的不同，控制动作也会发生改变。

▶▶ 注意点

在讲解继电器控制的最后，有一个点需要加以关注，那就是触点的反应速度。从给线圈供电到触点接通，大约需要 20ms（0.02s）的时间。更重要的是，相比 a 型触点的接通，b 型触点的断开更快。虽然这是理所当然的，但是我们在绘制电路图的时候很难注意到。

若将上述 a、b 两类触点的接通视为两者同时工作来考虑，进行电路设计时，继电器会产生抖动（连续接通和断开时发出"咔嗒咔嗒"的声音）。这是由于继电器工作，在 a 型触点接通之前，线圈的电源供应中断而引起的问题。所以，我们应该确认好动作顺序后再进行电路的设计。

直 流 电 源

与交流电源不同，直流电源是电压不发生改变的电源。PLC 内部的电源基本上采用的都是直流电源。干电池等也是直流电源。直流电源有+（正）和−（负）两极，电流从正极流向负极，这被称为 DC 电源的电力供应。

从正极出发的电流，必须能够到达该电源的负极，电流才会流动。即使连接到另一个电源的负极，电流也不会流动。直流电源的负载过多时，电压就会下降。

需要注意的是，PLC 虽然提供有 DC 24V 的电源，但是使用过度的话，PLC 也会停止该电源的供给。简单使用是没问题的，不过，最好使用额定电流较小的传感器。

直流电源是易损品，会突然发生故障。现在我们使用的设备大多是 DC 电源供电的，而电源发生故障，监视器是无法显示故障的。这种情况应该首先怀疑是电源发生故障。

第 **3** 章

用于顺序控制的设备

顺序控制需要用到各种各样的控制设备。本章将介绍顺序控制需要使用的最基本的设备。这里所介绍的设备虽然只是其中的一部分，但也是我们在学习顺序控制过程中必须要理解其原理和机制的设备。在此，我们将从设备的使用方法到简单的原理机制进行介绍，以便加深对基本设备运用该机制的理解。

输入设备

为了起动洗衣机，必须按下必要的按钮，不按下开关控制器不会接通电源。像这样，向装置发送的某种信号的操作被称为"信号输入"。因此，需要使用开关等输入设备来进行。

▶▶ 开关

在开关的内部，像继电器一样，也有着起到连通和断开作用的触点。与继电器一样，开关也具有 a 型触点和 b 型触点。

按钮也有多种不同的类型，当按钮按下时变成 ON，按钮松开时变成 OFF 的被称为瞬时型开关，属于一般的开关类型。

还有一种与此不同的类型，被称为交替型开关。当按钮按下一次时变成 ON，即使松开按钮依然保持 ON 的状态。只有再按一次按钮，开关才断开，变成 OFF 状态。之所以如此，是因为该类型的开关在开关侧具有机械自锁机制，就像圆珠笔一样，按一下笔芯就出来了，再按一下笔芯才收起来。

▶▶ 开关的布线

开关也有 a 型触点和 b 型触点，但如果是尺寸规格大于中等型号（开关上有端子座）以上的话，就没有像继电器触点那样的构造了。对于这样尺寸规格的开关，用户可以自由变更触点的安装结构。

因此，在这样的尺寸规格的开关中，与"COM[⊖]"端相对应的，不是同时安装有 a 型触点和 b 型触点，而是只安装一个具有 a 型或 b 型触点功能的触点。

⊖ COM，参考第 2-3 节。

这种情况下的 a 型触点和 b 型触点分别具有两个接线端子，若将 a 型触点和 b 型触点各连接一个端子，则该相连接的端子就是公共端子，即"COM"端子。

▶▶ 其他输入设备

虽然在这里已经对开关进行了介绍，但其他输入设备还有很多。光电传感器和气缸传感器等也都属于输入设备。

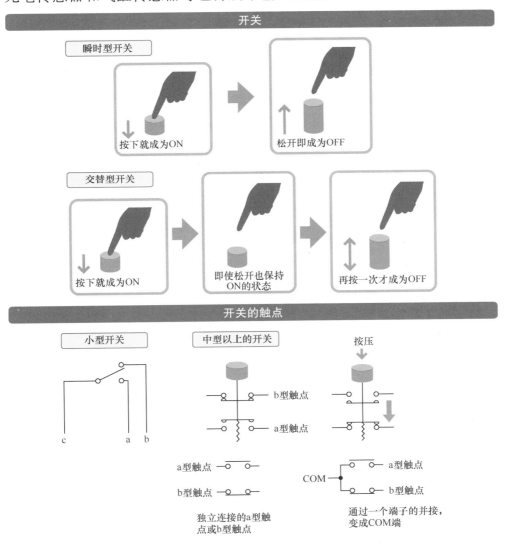

显示设备和触摸面板

与输入设备相对应的设备是输出设备。洗衣机洗完衣服后，会通过蜂鸣器、指示灯等进行提示。像这样，控制设备向外部输出信号或其他信息的操作被称为"输出"。

▶▶ 显示设备（指示灯）

指示灯等显示设备的信息输出，基本上都是为需要人加以确认的情况下而设置的。

例如，有一个自动控制的装置。乍一看，不知道这个装置是在运行还是处于停止状态，这是非常危险的。另外，在操作过程中偶然停止时，如果人不小心把手伸进去，设备又突然开始运行的话也是非常危险的。此时，为了防止事故的发生，指示灯会以"运行中"的提示字样加以提醒。

指示灯的大小和类型各不相同，所以需要选择适合用途的指示灯。目前，LED 指示灯成为主流，受到很多人的喜欢。因为不用担心烧坏，所以成为首选。

指示灯并不是唯一的显示设备。也有像 7 段 LED 数码管那样可以显示数值的类型。

▶▶ 触摸面板

还有一种方便使用的设备，被称为触摸面板。触摸面板能够像汽车的导航仪一样，通过串行通信与 PLC 连接。触摸面板的屏幕上可以自由配置开关和指示灯，也可以显示数值和文字，同时还具有画面切换的功能，比起在操作箱上安装大量的开关和指示灯，触摸面板的安装更加简便。

触摸面板的缺点是必须要看屏幕才能进行操作。这里还要说明的是，一般的开关都是凹凸不平的，用手指感觉就能知道按钮在哪里。

但是因为触摸面板没有凹凸不平的按钮，所以很难知道按钮在哪。

另外，普通的按钮通常可以将手指轻轻地放在其上，在需要时再按下按钮。但触摸面板无法做到这一点，因为在手指轻轻放上去时，触摸面板就已经有反应了。这在实际使用时，需要格外注意。

显示设备

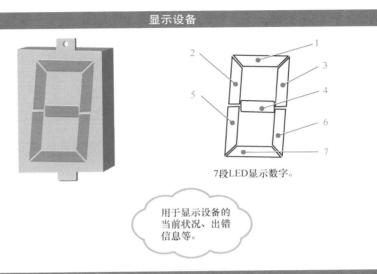

7段LED显示数字。

用于显示设备的当前状况、出错信息等。

触摸面板

触摸面板，可以自由配置按钮。

手指轻轻放在开关上就能实现操作，不看屏幕的情况下是不能进行操作的。

▲ 触摸面板（源自Wilson DiasAbr）

驱动设备

驱动设备是实际执行操作的设备，用人的身体来比喻的话就是手和脚。驱动设备是必须要有的设备，即使安装了输入设备和显示设备，如果设备不实际操作的话也是没有意义的。本节介绍工厂使用频度较高的气缸。

▶▶ 气缸

工业设备的驱动方式以空气驱动为主。空气驱动，首先需要用空气压缩机来压缩空气（气源），然后再利用压缩空气所具有的压力来驱动气缸工作。气缸的驱动控制是通过控制电磁阀或者统称电磁阀⊖的设备来进行的。下面我们来了解一下利用压缩空气驱动的气缸的一般构成。

在此所称的气缸是气动执行机构的简称，气缸是气动执行机构的主体部件，为一个筒状的圆筒（筒状躯干）。气缸中设有活塞，活塞上装有活塞连杆，实现气动操作。气缸上开有两个送气孔。如果将压缩空气送入其中一个孔，空气就会在气缸内聚积，通过压缩空气将活塞推出。这样，气缸就开始工作了。

若要将气缸恢复到原位，只需要在另一个孔里送入压缩空气，在压缩空气的作用下，活塞就可以向相反的方向运动。此时，有必要将不送气的另一个气孔打开。气缸中，进行这种压缩空气控制的设备就是电磁阀。

▶▶ 电磁阀

电磁阀是使气缸工作的控制设备。与继电器一样，电磁阀也具有控制线圈。该控制线圈中是否有电流流过，线圈的工作状态也会不同。线圈可以选择 AC 和 DC 等不同类型的电压来工作，但应根据电磁阀自

⊖ 电磁阀（Solenoid valve），用于控制管道开闭的电气驱动阀，以控制管道中流体的流动。

身的需要，购买符合相应规格的线圈。

在此，对一个常见的通用五端口电磁阀进行说明。五端口电磁阀是具有 5 个端口的电磁阀类型。首先将压缩空气接入五口电磁阀的 P 端口，以此为基础，在不受控制的情况下，压缩空气从 B 端口排出。这就像继电器的 b 型触点一样。

当五端口电磁阀的线圈通电时，电磁阀即会产生动作。此时，P 端口和 A 端口相互连通，B 端口则连接到 R 端口。该 R 端口向大气开放，排气的噪声很大，所以一般都会为其配置一个消音器，以消除排气噪声。

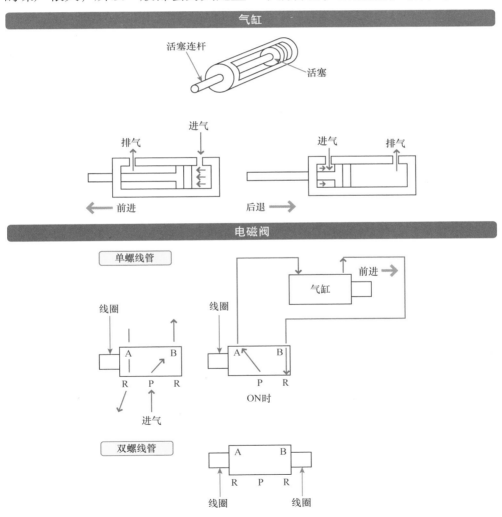

不要犹豫，按下紧急停止按钮

设备通常都设有紧急停止按钮。顾名思义，紧急停止按钮是在紧急情况下按下以实现紧急停止的。当某种紧急情况出现时，需要按下该紧急停止按钮，当发生危险动作时，也需要按下该紧急停止按钮。但是，在处理复杂设备的情况下，往往会想不起来按紧急停止按钮，尤其是自己编写的程序，就更想不起来按紧急停止按钮了。

但是，为了安全起见，如果有什么意外发生还是马上按下紧急停止按钮比较好。有时我们虽然想到了按下紧急停止按钮，但却在心里想将手头的工作完成后再按下也不迟。如果平时养成良好的按按钮的习惯，即使发生意外也能毫不犹豫地按下。有时紧急停止按钮按压动作慢了 0.1s，也会造成严重的后果。

关于紧急停止需要注意的是，与其将紧急停止信号输入到顺序控制器中，还不如立即切断设备的电源来得可靠。

早前，有一种将紧急停止的信号输入到顺序控制器的设备，也就是通过紧急停止按钮的执行处理来停止设备运行的方法。由于该设备是黑匣子，所以在执行紧急停止处理时也不会显示任何信息，紧急停止按钮按下后也没有指示灯给出状态提示。

还有一次，接到通知说设备不能运行了，经检查后也没有发现有什么问题，但设备就是不运转了。检查也没有发现线路断线等问题，于是连接计算机监视程序进行诊断。因为没有程序注释信息，所以需要从 I/O 开始进行追踪调查，发现果然出现了"紧急停止"的事件……

我也预想到可能是这个原因，经诊断后，发现果然是正在执行紧急停止的处理。因为这个问题浪费了 1h，而且动用了两个人员，究其原因是没有想到设备是在进行紧急停止的处理。在此提及，供后续多加借鉴和注意。

第 **4** 章

顺序图的看法和画法

本章将对顺序图进行说明。因为是顺序图，所以从字面上来看就是与控制相关的，因此也没有必要将其想得太复杂。顺序图就是把重点放在控制上的电路图。下面我们一起来了解顺序图的画法和符号吧。

实际布线图

电路图有各种各样的画法。除了将实际布线的细微部分都表示出来的实际布线图之外，还有使用符号简单表示的画法等。

▶▶ 实际布线图

实际布线图是指一种描述设备之间实际布线的电路图，是在实际配线时十分方便使用的电路图。由于实际布线图将每个零部件都画得接近实物时，因此也是一种非常容易理解的电路布线图。

但是，当电路的规模变得越大、越复杂时，作为实际布线图绘制的电路图就会变得过于复杂，反而难以理解。因为在这种实际布线图中，各种设备的显示越来越细节化，配线的数量也越来越多，仅仅是走线就是一个十分麻烦的问题。

此外，如果过于准确地描绘设备，则反过来会出现难以理解电路图的现象。这样的实际布线图，如果是用于按照布线图来组装的情况，画得简单一些就可以了。对于一个过于详细的实际布线图，则需要一边理解一边组装，其实是很难的。

▶▶ 实际布线图的绘制方法

实际布线图的画法，实际上在"2-10 基本电路理解①"中介绍的电路图就是这里所说的实际布线图。对于实际布线图，有将设备的形状都准确地绘制出来，在设备的哪里连接哪条线都详细地表示出来的画法。但是，如果详细到这种程度，布线图绘制起来就会花费更多的时间，电路图也会变得难以理解。

对实际布线图绘制的一般要求是，在画实际布线图时，触点等要用符号画出，设备等要画到人能识别的程度，与设备的布线连接要标明设备端子座的编号等，并且一定要画出触点的连接。

此外，还要把电源画出来。由于电源的符号 AC 和 DC 是不一样的，所以需要正确地画出来。建议像下一页所示的图那样，简单地进行实际布线图的绘制。

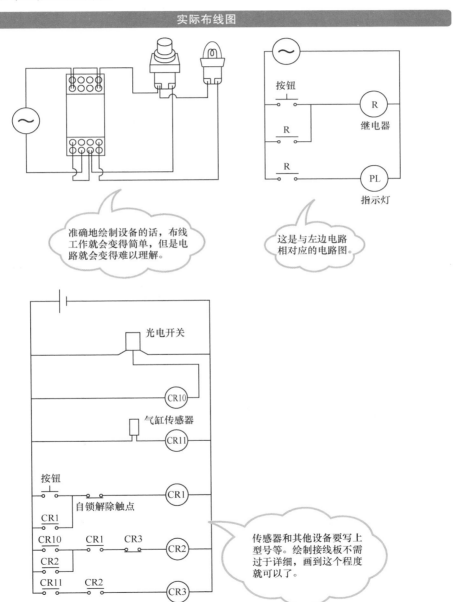

实际布线图

准确地绘制设备的话，布线工作就会变得简单，但是电路就会变得难以理解。

这是与左边电路相对应的电路图。

继电器 R

指示灯 PL

按钮

R

R

光电开关

CR10

气缸传感器

CR11

按钮

CR1

自锁解除触点

CR1

CR10   CR1   CR3

CR2

CR2

CR11   CR2

CR3

传感器和其他设备要写上型号等。绘制接线板不需过于详细，画到这个程度就可以了。

电路图符号

在此，稍微介绍一下电路中使用的符号。电路图中使用的符号被称为电路图符号。电路图符号是由 JIS 标准规定的。

▶▶ 电路图符号

电路图符号由 JIS（日本产业标准）规定，被称为 JIS 标准，在此省略了复杂烦琐的部分，只简要介绍说明必要的部分。

日本人用日语互相交换意见，进行交流，这是理所当然的，因为有日语这个共同的语言，而日本人都懂日语，所以才能进行顺畅地交流。如果到了不懂日语的国家，继续使用日语的话，则连对话都无法进行。

电路图符号也是如此。笔者到目前为止所介绍的电路图，其中的电路图符号并不是自己随意创作的，而是使用了 JIS 规定的电路图符号。如果每个人都随心所欲地创造电路图符号来画电路图的话，别人看了也理解不了。

因此，只有使用根据 JIS 标准预先规定的电路图符号，才能绘制出大家都能看懂的符合标准的电路图。

▶▶ 电路图符号

在下一页所示的图中，给出了在顺序控制中使用的代表性电路图符号。大家也许会发现，并有些好奇，笔者在当前的这本书里所给出的电路图中使用的电路图符号依然是老版本的电路图符号。那为什么要使用老版本的电路图符号呢？这是因为老版本的电路图符号看起来更像触点，更容易理解。

目前，依旧有很多人继续使用老版本的电路图符号，但是即使是老版本的电路图符号，依然也还是通用的。尽管如此，我们也不能一直使用老版本的电路图符号，因此，从现在开始使用按照现行的 JIS C 0617（电气符号）的电路图符号。

电气符号的例子

a型触点(常开触点)	
JIS C 0617	老版本符号

b型触点(常闭触点)	
JIS C 0617	老版本符号

手动开关	
JIS C 0617	老版本符号

按钮	
JIS C 0617	老版本符号

线圈	
JIS C 0617	老版本符号

指示灯	
JIS C 0617	老版本符号

第
4
章

顺序图

顺序图是一种将重点放在控制流程上的电路图。通过这种顺序图，能够使得电路的控制内容变得非常容易理解。

▶▶ 顺序图

从这里开始，在后续的介绍说明中，将电路图符号从老版本的符号变更为 JIS C 0617 的电路图符号。顺序图是把重点放在控制流程部分的电路图。因此，在顺序图中通常都省略了电源等部件的电路图符号。

在之前介绍说明的电路图中，一般都是从电源正极开始，经过触点和电压，最后回到电源负极的闭合电路。对于顺序图而言，因为省略了电源部分，因而并不成闭合电路。其画法并不难，只要从之前介绍说明的电路图中简单地省略掉电路的电源部分就可以了。

▶▶ 竖写和横写

顺序图有竖写和横写两种不同的画法，实际画顺序图时无论使用哪种画法都是可以的，本书使用的是横向顺序图的画法。

关于控制的流动方向，在采用竖写画法的顺序图中，控制的流动方向是从左往右进行的。在采用横写画法的顺序图中，控制的流动方向是从上往下进行的。这里所说的控制流动方向指的是控制工序。

| 按钮按下 | ➡ | 指示灯点亮 | ➡ | 气缸前进 | ➡ | 气缸后退 |

对于上图给出的控制动作发生的顺序来说，竖写时控制动作发生的顺序是从左到右的，横写时控制动作发生的顺序是从上到下的。

但是，实际上，近年来由于 PLC 控制器的广泛使用，使得顺序图的应用已经不多见了（根据行业的不同，顺序图的应用情况可能会有所不同）。因为在本书所做的介绍和说明中给出的继电器电路图基本上是按照顺序图来绘制的，所以在这里对顺序图也做了一些介绍，但仅限于最低限度的简要介绍。

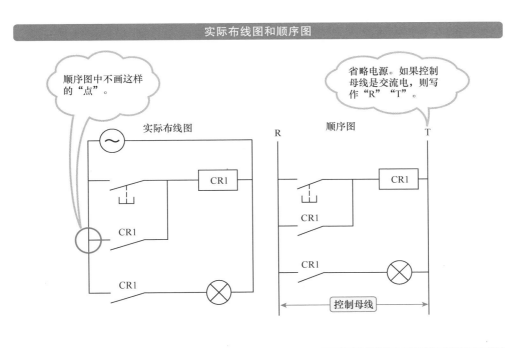

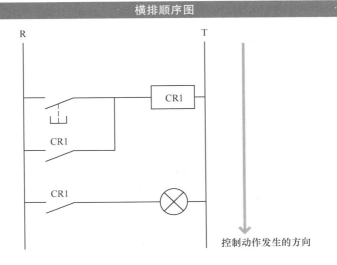

控制动作发生的方向

第4章

顺序图的画法

在这一节中，让我们来实际画一个顺序图。如果理解了继电器控制电路（继电器序列）的话，这里进行的控制顺序图的绘制并不难，只需要在继电器控制电路中留下与控制相关的部分，省略掉与控制无关的电路即可。

▶▶ 顺序图的画法

在此所介绍说明的是横写顺序图的画法，所使用的电路图是"2-10基本电路理解①"中所使用的电路图。首先，把电路图中 DC 电源的电路图符号删除，保留两条平行的电源线，这两条线被称为控制母线。

接着，将控制母线在电路的下角处直接向下延伸。因为这里使用的是 DC 电源，所以在两条控制母线上分别标写上"P"和"N"。"P"表示电源的正极侧，"N"表示电源的负极侧。如果使用的是交流电源的情况，则需要在两条控制母线上分别标写上"R"和"T"。这是一般的标记法，如果有其他指定的标记方法，则需要按照指定的标记方法来进行。顺序图中省略了传感器，在继电器的右侧需要标明其动作的含义，说明这个继电器（线圈）是如何进行动作的，以此可使顺序图的控制内容变得更加容易理解。在继电器触点上，还像往常一样标明继电器的编号，以便知道这些触点哪个继电器的触点。像这样标注在顺序图和电路图上的文字被称为顺序图和电路图的注释。

如下页图所示，按钮的触点上标有"运行 PB"这样的注释。其中，"PB"是按钮的缩写，用"运行 PB"表示该按钮是用于起动运行的按钮。

▶▶ 输出部分

至此，顺序图的控制部分已经画好了。此时，再加上让指示灯点亮和气缸工作的电磁阀。但是，在顺序图的前半部分并没有画出气缸，因为需要进行布线连接的部件是电磁阀，而不是气缸，所以在电路图的前半部分画出了电磁阀，而不画气缸。

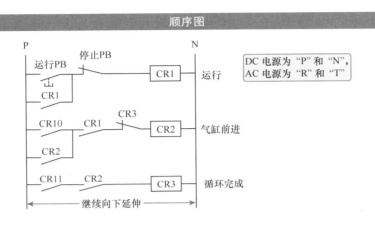

此外，还需要在指示灯和电磁阀的电路图符号旁边写上注释。因为，如果仅有电路图符号的话，就不清楚什么指示灯点亮，哪个气缸在工作等。

最后用了一个 CR3 的继电器来切断电磁阀，即使没有该继电器电磁阀也能照常工作。在此插入一个继电器 CR3，CR3 接通的瞬间 CR2 断开。CR3 的接入用于控制工作的参考。

交 流 电 源

交流电是家用插座等使用的电源。在日本，家用插座的电源是 AC 100V，具有两根导线。其中，一根导线为地线，与地面相连通。另一根导线上有电压。如果该电压是 60Hz 的话，则 1 秒钟内，电压在正向和负向之间进行 60 次切换。

电流从电压高的地方流向电压低的地方。对于交流电而言，电流在地线的一侧与另一侧之间流动。从地线一侧来看，电流流动的方向是反复交替的。因此，交流电是没有固定极性的。

对于交流电，由于其中的一条导线是地线，所以触碰地线一侧是不会触电的，但触碰另一条导线则会触电。在这种情况下，另一条导线和地面（地线）之间的电压被称为对地电压。

早前，在日本之外的国家，在单相 AC 200V 的设备上，若想要连接电源线，仅通过一根导线的连接即可以实现，实际上只用到了一条对地电压为 AC 200V 的导线，接地线则需要取自工厂中合适的接地柱子，这也真是一种神奇的布线方法。

第5章

顺序控制电路

现在终于可以进入正式的控制电路的介绍说明了。在顺序控制中使用的是梯形图，此前介绍的都是继电器电路和顺序图，而这一章将引入梯形图。此外，本章还将对顺序控制中的复位和自动运行进行介绍和说明。在此，我们离梯形图的编程还有一些距离，还需要进一步的学习。

ON-OFF 电路

在此，再次对触点进行介绍和说明。虽然在继电器电路的介绍中已经详细地提到了这方面的内容，但是我们作为复习将会再次进行介绍。a 型触点和 b 型触点的概念非常重要，必须要透彻理解。

▶▶ a 型触点和 b 型触点

作为复习，在此首先使用触点试着进行一个指示灯的点亮或者关闭。

首先使用 a 型触点来实现。如下页的图所示，电路实现的功能为，按下开关，电路接通，指示灯亮起；如果松开开关，电路就会断开，指示灯熄灭。

接下来使用 b 型触点来实现。如下页的图所示，电路实现的功能为，不按开关时，电路接通，指示灯亮起；按下开关，电路断开，指示灯熄灭。由此可以看到，a 型触点和 b 型触点实现的动作正好相反。

到此为止，通过前面的介绍和说明，我们应该已经有了清楚的理解。

▶▶ 继电器的触点

接下来，试着在控制电路中加入继电器。如下页的图所示，实现的功能为，按下开关，继电器立即接通。同时，使用继电器触点控制的指示灯也点亮了。这是一个普通的电路，为什么要在中间插入继电器呢？没有继电器，电路也可以正常工作啊。

实际上，在顺序控制中，会频繁地使用这样的电路。这是为了增加触点的数量。以开关为例，对于一个开关来说，相互完全绝缘的触点通常只有 1~2 个，小型开关甚至只有 1 个触点。与此相对的是，如果使用继电器的话，即使是标准的控制继电器（如 MY4N 等），通常也附有 4 个触点。

如果遇到开关上只有一个触点的情况，那么像这样加入一个控制继电器后，由一个仅有一个触点的开关控制的触点就会变成 4 个。如此，对于一个原本只有一个触点的开关，就可以增加其能够进行控制工作的触点数量。

除此之外，由于继电器的触点之间是相互绝缘的，4 个触点的继电器即可以构成 4 种不同的电路模式，从而允许不同电源供电的系统同时进行工作。如下页的图所示，电路实现的功能为，按下开关，AC 100V 的指示灯和 DC 24V 的指示灯可以同时点亮。

a 型触点和 b 型触点

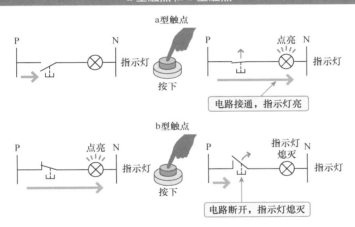

继电器的触点

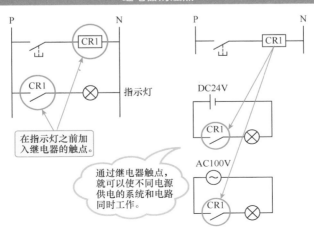

5-2

AND 电路

AND 电路指的是由多个触点串联连接而构成的电路。实际上，因为在之前的电路中已经使用过这样的电路，所以我们应该对其已经有所了解。在此，对 AND 电路进行详细介绍。

▶▶ 什么是 AND

AND 电路是一个串联电路，是指连续串联连接两个以上的触点所构成的电路，在 AND 电路中连续串联连接的每一个触点都是电路动作的一个条件。例如，假设将触点①和触点②串联连接在一起，所构成电路动作的条件即为触点①和触点②同时接通，此时电路才会动作，所以将这样的电路称为 AND 电路。

如下页上图所示，再这样一个由触点①和触点②连续串联连接所构成的 AND 电路中，若只有触点①接通，指示灯是不会亮起的；同样地，只有触点②接通指示灯也不会亮起。那么，怎样才能让指示灯亮起来呢？

答案是，只有在触点①和触点②同时接通的情况下，指示灯才会亮起。如果用按钮来控制的话，这相当于按钮①和按钮②同时按下时指示灯才会亮起，不同时按下两个按钮，指示灯就不会亮起。

像这样，只有当多个触点同时接通时条件才能满足的条件被称为 AND 条件。下一页上图所示的情况是"只有当①的触点和②的触点同时接通时条件才能满足"。因此，AND 电路指的是多条件串联的电路。

▶▶ 触点的数量和种类

在一个 AND 电路中，串联电路触点的数量也可以设定为 3 个以上。另外，串联的触点也可以是 b 型触点。在这种情况下，如下页的下图所示，假设触点②是一个 b 型触点，那么在仅有触点①接通的情况下，指示灯也会亮起。

　　如果将上述 AND 电路中串联的触点看作是按钮的话，那么只有在按钮①按下、按钮②不按下的情况下，指示灯才会亮起。相反，在两个按钮同时按下的情况下，指示灯就不会亮起。

　　像这样，在一个 AND 电路中，通过串联电路触点数量和种类的不同组合，就可以实现各种不同条件的设定。

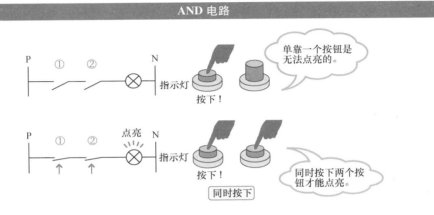

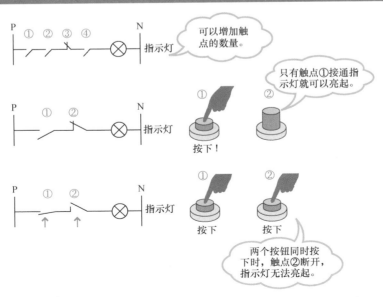

5-3

OR 电路

OR 电路就是由多个触点并联连接而构成的电路。和上一节介绍 AND 电路时所说的一样，在之前介绍和说明的电路图中也已经使用过了。通过 OR 电路与 AND 电路的组合，可以设定各种各样的动作条件。

▶▶ OR 电路

OR 电路是由多个触点并联连接而构成的并联电路。在 AND 电路中，触点是横向连续连接的串联电路，而 OR 电路则是触点纵向连续连接而构成的并联电路。OR 电路所实现的也是电路动作的条件。如下页上图所示的电路，触点①和触点②通过并联连接构成了一个 OR 电路。此时的条件是，当触点①或触点②中的任意一个接通时条件即成立，并称为 OR。

与 AND 电路所实现的条件不同，在触点①或触点②只要有一个触点接通时，指示灯就会亮起来。如下一页上图所示，当触点①接通时，指示灯就会亮起，即使触点②断开，指示灯也会亮起。若触点①和触点②同时接通，指示灯也会亮起。

像这样，在有多个条件存在的情况下，当多个条件中有一个条件接通时，即能满足电路动作的条件被称为 OR 条件。

▶▶ 触点的数量和种类

OR 电路触点的数量也可以设定为 3 个以上。另外，OR 电路的触点也可以是 b 型触点，并且可以将 AND 电路和 OR 电路组合在一起构成复合条件电路。在实际操作中，需要巧妙地将 "AND" 和 "OR" 结合起来，进行更多条件的设定。

如此，有趣的事情就发生了。例如，若将 AND 电路的条件全部设定为 b 型触点，情况会怎样呢？此时，在不按下任何按钮时，指示灯是亮着的，但只要有一个触点动作，指示灯就会熄灭。这就变成像 OR 电路一样工作了。

对于 OR 电路来说，也会发生同样的情况。若把所有条件都设为 b 型触点的话，OR 电路则会变成像 AND 电路一样工作。因为这样会造成混乱，所以在初学的时候应该尽量使用 a 型触点来进行电路的制作。

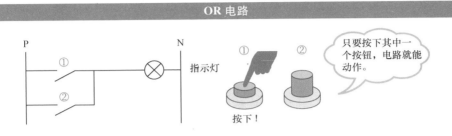

OR 电路

只要按下其中一个按钮，电路就能动作。

按下！

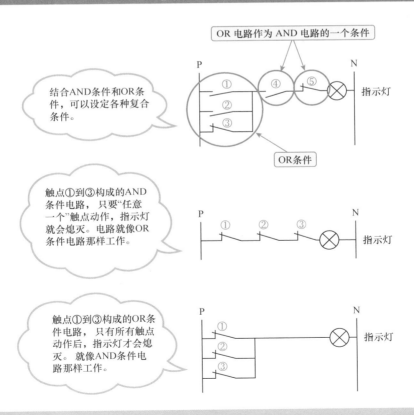

AND 电路和 OR 电路的组合

OR 电路作为 AND 电路的一个条件

结合AND条件和OR条件，可以设定各种复合条件。

OR条件

触点①到③构成的AND条件电路，只要"任意一个"触点动作，指示灯就会熄灭。电路就像OR条件电路那样工作。

触点①到③构成的OR条件电路，只有所有触点动作后，指示灯才会熄灭。就像AND条件电路那样工作。

指示灯

第 5 章

自锁电路

在第2章中，已经对自锁电路进行了简单介绍，自锁电路是继电器顺序控制中非常重要的电路组成部分。另外，在使用PLC进行控制程序的编写时，自锁电路也是一个重要的基础。因此，我们有必要对其进行深入的理解。

▶▶ 自锁电路

如果用顺序图来绘制自锁电路的话，就会变成如下一页左上图所示的样子。在自锁电路中，用于自锁作用的触点一定要放在电路的左下侧。鉴于继电器控制电路自身的性质，如果按照如下一页右上图所示的画法，自锁电路也能正常工作，但是在实际中，自锁电路基本上都是采用自锁触点靠近左下侧的画法，以便更容易阅读和理解。

在此，之所以说"更容易阅读和理解"，是因为一般情况下都是采用像下一页左上图那样的电路画法。不推荐只有自己能理解的画法，或者因为一些原因故意改变画法。一个好的程序的基础是谁都能看明白。

对于一个继电器控制电路的设计者来说，如果习惯了随心所欲的电路画法，对他人来说很难理解其设计的电路。其结果是，不仅很难把自己的电路控制内容传达给他人，同时也很难读懂他人画的一般电路图。

言归正传，如下一页左中图所示，当按钮触点①接通时，电流就会流入线圈。线圈的触点假设为触点②，将触点①和触点②括起来构成一个OR电路，自锁电路就完成了。此时，即使按钮触点①断开，由于触点②是接通的，因此，电路仍然会继续接通。

▶▶ 自锁电路的解除

对于上述电路，若要断开，只能切断电源供应才能实现。切断电路的电源供应也就是切断了供给线圈的电源，因此只要切断供给线圈的电源，电路就会关闭。

　　为此，如本页的左下图所示，可以在线圈的供电回路中加入一个 b 型触点③。当触点③的按钮按下时，自锁电路解除。以上是基本的自锁电路。

　　在对 PLC 的编程中，自锁电路也有很重要的作用，因此，我们有必要切实地对其进行学习和理解。

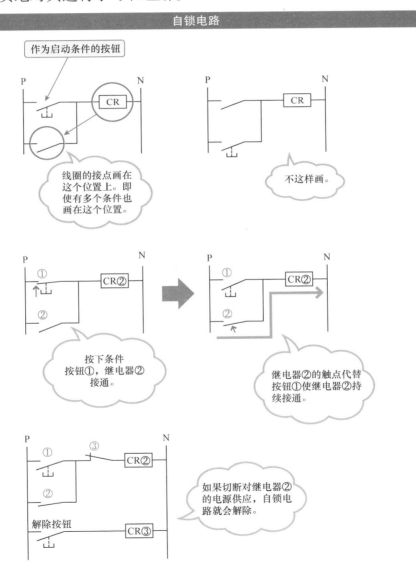

自锁电路

作为启动条件的按钮

线圈的接点画在这个位置上。即使有多个条件也画在这个位置。

不这样画。

按下条件
按钮①，继电器②接通。

继电器②的触点代替按钮①使继电器②持续接通。

如果切断对继电器②的电源供应，自锁电路就会解除。

解除按钮

互锁电路

互锁电路是用于防止两个输出信号同时有效的电路，互锁电路会将先有效的输出信号作为优先信号输出，多在两个输出信号同时有效可能造成设备损坏或造成危险的情况下使用。

▶▶ 什么是互锁

互锁原本是出现在安全机制中的一个词，例如，用于设备防护罩的一种安全机制等。设备在防护罩打开的情况下动作是非常危险的，如果有人将手伸入设备内部，那么可能会受到伤害。

考虑到上述情况，设备防护罩的设置使得防护罩处于打开状态时设备不会动作，而设备动作时打开防护罩的话则设备动作会停止。带有这种构造的防护罩被称为安全罩，而这种机制被称为互锁。

▶▶ 什么是互锁电路

虽然称其为互锁电路，但实际上，互锁电路也可以用于实现某个信号优先输出的电路中。在此，之所以将其称为互锁电路，是因为互锁电路被用于控制电路的构建，更多的时候还是用于两个信号同时输出时的互锁。

接下来介绍互锁电路是如何使用的。如下页的上图所示，首先，假设有两个输出信号，即输出①和输出②。开关①激活输出信号①，开关②激活输出信号②。对于这两个输出信号，还有一个限定条件，即输出信号①和输出信号②不能同时输出。但在该电路中，如果同时按下开关①和开关②，则输出信号①和输出信号②将会同时输出。为了防止这种两个输出信号同时输出的发生，可以采用如下页第二幅电路图所示的那样，使用输出信号①的线圈对应的触点来禁止输出信号②的输出。

在这种情况下，将输出①的 b 型触点设置在输出②的前面。如果输出信号①和输出信号②同时输出，则输出①能够正常输出，输出信号②则不能输出。因此，这就是一个允许输出信号①优先输出的电路。

在需要互锁的情况下，通常将输出信号对应的触点设置在相互间的触点处，实现两个输出信号的互锁。此时，最先有效的输出信号将优先输出。

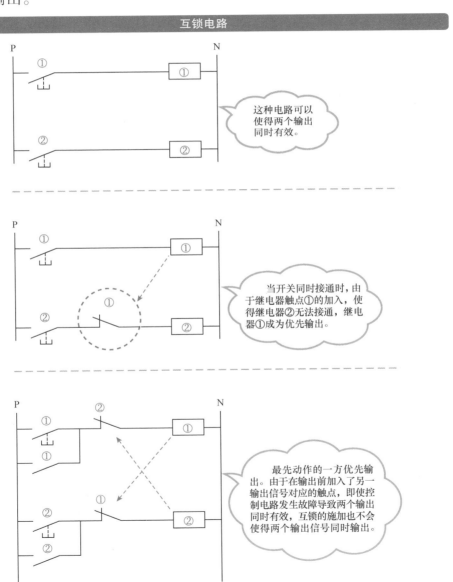

互锁电路

这种电路可以使得两个输出同时有效。

当开关同时接通时，由于继电器触点①的加入，使得继电器②无法接通，继电器①成为优先输出。

最先动作的一方优先输出。由于在输出前加入了另一输出信号对应的触点，即使控制电路发生故障导致两个输出同时有效，互锁的施加也不会使得两个输出信号同时输出。

使用定时器的电路

本节尝试将定时器和继电器一起用于控制电路中。通过定时器的使用进行延迟操作,可以创建更加实用的控制电路。

▶▶ 什么是定时器

简单来说,定时器就是可以任意设定继电器触点动作时间的装置。例如,在使用继电器的情况下,触点可以在电流流过线圈的同时动作。

在使用定时器的情况下,触点可以在电流通过线圈且在设定的时间过去后才产生动作。动作时间可以通过定时器表面的刻度盘进行调整和设定。

▶▶ 使用定时器的电路

下一页的电路图解释了定时器的实际使用方式。

首先,当按钮按下时,继电器接通,该继电器的触点会点亮指示灯1。由于定时器T1与继电器是并联连接的,其动作时间设置为1s,因此指示灯1亮起1s后,定时器T1接通,指示灯2亮起。

此外,定时器T2也与继电器并联连接,T2的动作时间设置为2s,并在T2的线圈之前串联连接有T1的触点。

这意味着,在定时器T1动作后,定时器T2再延迟2s后才动作。如果T2的线圈之前没有串联连接T1的触点,在这种情况下,假如T2的动作时间设置比T1的动作时间设置更短时,则还没到指示灯2亮起,电路的自锁状态就解除了。

如果能够保证正确理解和设置定时器的动作时间值,即使不在T2的线圈之前串联连接T1的触点,这个电路也不会有任何问题。但是为了防止错误的出现,还是要按电路图所示的那样,在T2的线圈之前串联连接 T1 的触点。因为如果因定时器 T2 的动作，电路的自锁即会被解除，可能会导致所有指示灯都不会亮起。

除以上所介绍的定时器的基本使用方法以外，定时器还有其他各种不同的使用方法。例如，直接使用输入开关来使定时器产生动作，在这种情况下，除非开关被按下的时间足够长，否则定时器就不会动作。

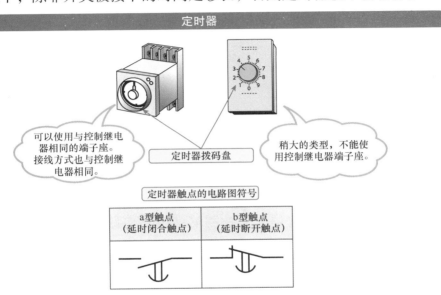

定时器

可以使用与控制继电器相同的端子座。接线方式也与控制继电器相同。

定时器拨码盘

稍大的类型，不能使用控制继电器端子座。

定时器触点的电路图符号

a型触点 （延时闭合触点）	b型触点 （延时断开触点）

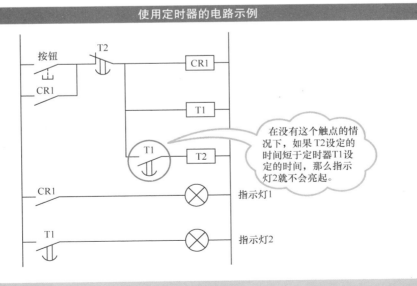

使用定时器的电路示例

按钮

T2

CR1

CR1

T1

T1　　T2

在没有这个触点的情况下，如果 T2 设定的时间短于定时器 T1 设定的时间，那么指示灯2就不会亮起。

CR1　⊗　指示灯1

T1　⊗　指示灯2

梯形图①

梯形图是用于 PLC 的程序编制语言，采用与继电器电路相似的描述方式。梯形图是学习顺序控制必不可少的基本工具，而且一般的 PLC 都使用梯形图进行控制程序的编制。换句话说，当使用 PLC 控制设备时，需要了解梯形图。如果不了解梯形图，几乎不可能用 PLC 实现自动控制。

▶▶ 什么是梯形图

梯形图是一种稍微特殊的语言，与一般的编程语言有很大的不同。因此，对于使用 VB（Visual Basic）编写程序的人来说，梯形图是一种难以掌握的特殊语言。梯形图是源于继电器控制的，也是继电器控制的延伸，在感觉上与计算机上绘制的继电器电路有些相似。这些描述可能会使梯形图看起来似乎很难，但如果能深入了解继电器电路，梯形图也就并不显得特别难了。

▶▶ 梯形图的绘制①

首先，采用在继电器控制介绍中所使用的电路，尝试进行梯形图的绘制。如下一页第一幅图所示，该电路图是在原有的实际布线图中，省略了电源电路和传感器输入电路而得到的继电器电路图。

向 PLC 输入信号时，不需要像继电器控制那样，需要通过传感器使继电器动作的电路。例如，如果传感器的信号输入是通过传感器的信号输入线直接连接到 PLC 接线端子 X0 上实现的，那么只需在程序上标出触点 X0 即可。关于信号连接的方法将在稍后进行详细介绍，在此先来看看电路。

如果去掉电源电路和传感器的输入部分，只保留继电器触点，电路将变成如下页的下图所示的形式。由所得到的电路图可以看出，看起来更简洁，更像一个顺序图。虽然如此，但也没有必要一定要将其改为一个顺序图。

在此，由于接下来会介绍从顺序图到梯形图的变化，所以也给出了电路的顺序图（如本页的第二幅图所示）。实际布线图使用老版本的电路图符号绘制，在给出顺序图的同时，也可以看出当前标准的电路图符号的含义。

实际布线图略去电源

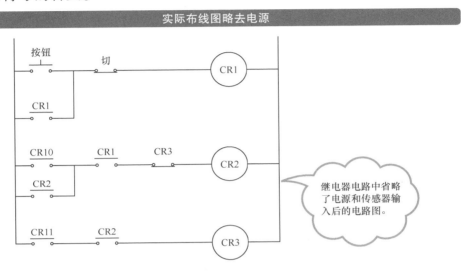

继电器电路中省略了电源和传感器输入后的电路图。

顺序图

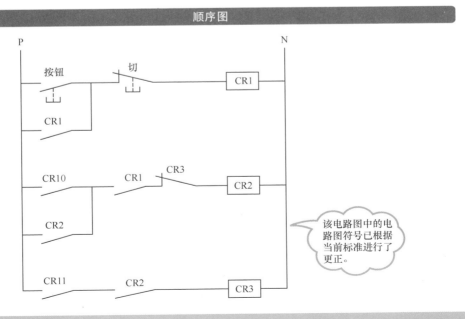

该电路图中的电路图符号已根据当前标准进行了更正。

梯形图②

本节继续进行梯形图的介绍，上一节介绍了从实际布线图中省略不必要的电源电路，从这里开始将电路图转换为梯形图。

▶▶ 梯形图的绘制②

首先，更改之前电路图中的电路图符号。将触点和线圈的电路图符号改成如下页第一幅图所示的那样。此时，按钮的触点与继电器触点的电路图符号相同，都是由两个垂直线来表示，看起来像下一页第三幅图上那样的电路图符号。

学过梯形图的人应该都知道，梯形图基本上是在计算机屏幕上就能轻松设计和编辑的继电器电路图，其图形符号也比较简单，如果能够熟练掌握，那么它会比继电器电路更容易阅读。

电路上，继电器的 CR 变成了 M。这个 M 被称为内部继电器，是 PLC 内部的虚拟继电器，使用方式与实际的继电器相同。

实际的继电器可以有多个触点，PLC 的内部继电器也是这样。例如，可以在梯形图中使用多个 M1 触点。但是，内部继电器的线圈不能使用多个，这点与继电器电路也是一样的，由于同一个线圈不能接多根线，因此线圈 CR1 也只能有一个[⊖]。

▶▶ 关于内部继电器 M

在这里，将稍微说明一下内部继电器 M。在此所用到的内部继电器 M 的图形符号是三菱 PLC 中的内部继电器图形符号。实际上，还有

⊖ 虽然在程序中可以标相同的标号，但是会被当成一个叫线圈重复的错误处理，并会出现意外动作，所以不要这样做。

许多其他样式的图形符号，这些图形符号被称为设备或元件。

PLC 中准备了大量的内部继电器 M，其数量根据 PLC 类型的不同有较大的差异，即使是低性能类型的 PLC 也有 300 多个内部继电器可供选择，所以 M 后面通常需要跟一个数字进行编号，如 M1 或 M15 等，该编号被称为设备编号或元件编号。

电路图图形符号的变更

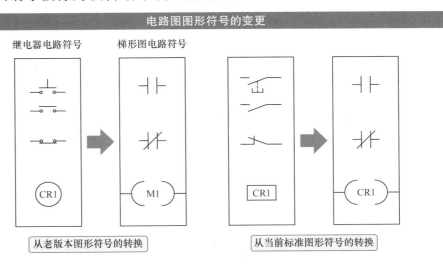

继电器电路符号　　梯形图电路符号

CR1　　M1　　CR1　　CR1

从老版本图形符号的转换　　从当前标准图形符号的转换

梯形图

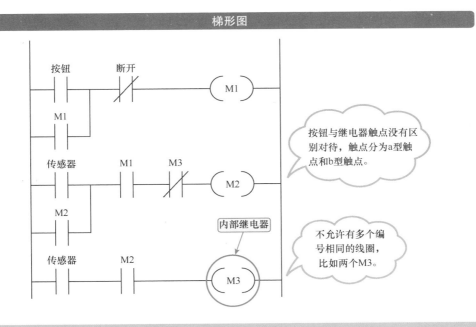

按钮　断开　M1

M1

传感器　M1　M3　M2

M2

内部继电器

传感器　M2　M3

按钮与继电器触点没有区别对待，触点分为a型触点和b型触点。

不允许有多个编号相同的线圈，比如两个M3。

关于输入输出①

　　输入输出是相对于 PLC 来说的，是 PLC 所进行的信号输入和信号输出。或者简单地说，就是向 PLC 程序输入信号，以及将 PLC 程序生成的动作指令或指示信息发送到 PLC 外部。没有输入输出的话，现实中的电路就无法动作。

▶▶ 输入输出

　　到目前为止，本书已经介绍了如何用继电器电路创建梯形图。但是，如下一页的梯形图所示，梯形图中除了具有内部继电器 M 外，还具有一些其他不同类型的输出设备。事实上，仅靠内部继电器 M 是无法使被控对象动作的。被控对象是指包括执行气动驱动操作的气缸和指示灯等。

　　也就是说，内部继电器是可以在 PLC 内部使用的虚拟继电器，且只能在 PLC 内部使用。因此，为了点亮 PLC 外部的指示灯，就必须使 PLC 向外部输出一个信号，这种信号输出被称为 PLC 的输出。

　　此外，还需要一些信号使 PLC 内的程序产生一些动作，例如，外部的按钮等。必须要通过外部按钮的按下或松开，才能将这种变化的信号输入到 PLC 内部，这种信号输入被称为 PLC 的输入。

　　综上所述，在向 PLC 内部输入信号以及从 PLC 内部输出信号均要使用除内部继电器 M 外的其他设备。

▶▶ 输入

　　首先，从 PLC 的信号输入开始介绍。来自 PLC 外部的传感器和按钮的输入，需要使用触点 "X" 进行表示。在此，之所以用 "X" 来表示，是因为外部传感器和按钮需要连接到 PLC 的 "X" 端子才能实现信号的输入。具体的连接方法将在后面详细介绍，此处的按钮连接到 PLC 的端子 "X0"。

关闭状态的按钮连接到"X1"，光电传感器接"X2"，气缸传感器接"X3"。这样的话，按下按钮时，"X0"将打开。当光电传感器出现反应时，"X2"将打开。

在如本页图所示的梯形图中，切断按钮连接到端子"X1"，光电传感器连接到端子"X2"，气缸传感器连接到端子"X3"。此时，按下按钮后，"X0"变为ON。光电传感器反应后，"X2"变为ON。

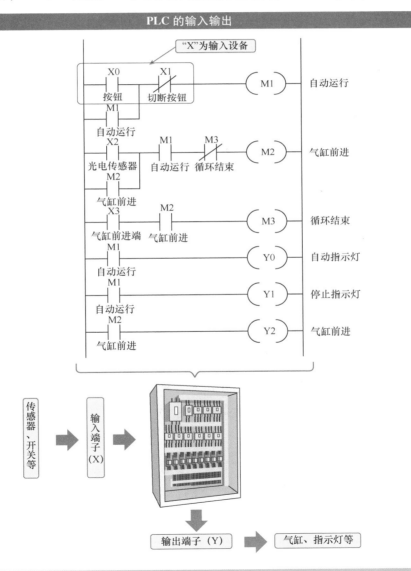

PLC 的输入输出

"X"为输入设备

| X0 按钮 | X1 切断按钮 | (M1) 自动运行 |

M1 自动运行

X2 光电传感器 | M1 自动运行 | M3 循环结束 | (M2) 气缸前进

M2 气缸前进

X3 气缸前进端 | M2 气缸前进 | (M3) 循环结束

M1 自动运行 | (Y0) 自动指示灯

M1 自动运行 | (Y1) 停止指示灯

M2 气缸前进 | (Y2) 气缸前进

传感器、开关等 ➡ 输入端子(X) ➡

输出端子（Y） ➡ 气缸、指示灯等

关于输入输出②

本节从输出开始，继续进行输入和输出的介绍。

▶▶ 输出

虽然程序在 PLC 内部运行着，但如果信号不输出到 PLC 外部，那么气缸和其他设备将无法工作。PLC 中的线圈 "Y" 是输出信号的元件，以操作外部设备，这与输入信号需要用 "X" 表示的道理相同。在如下页的图所示的梯形图中，自动运行指示灯连接到 PLC 的输出端子 "Y0"。

PLC 输出端子的输出情况也像继电器的触点一样，所以可以利用输出触点使其像一个开关那样动作。需要注意的是，PLC 内的元件符号是预先确定的，例如 "X" 表示输入元件，"Y" 表示输出元件。

▶▶ 动作说明

按下外部按钮 "X0" 后，内部继电器 "M1" 会动作，并使得内部继电器 "M1" 进入自锁状态。接下来，看看 PLC 输出部分的情况。

如果触点 "M1" 接通，那么输出线圈 "Y0" 也接通，自动运行指示灯亮起。接下来的一行是停止指示灯 "Y1"，由 "M1" 的 b 型触点控制。也就是说，在内部继电器 "M1" 没有接通的情况下指示灯 "Y1" 亮起，"M1" 接通时指示灯 "Y1" 熄灭。可见，输出 "Y0" 和 "Y1" 的动作是完全相反的。

在这里，将内部继电器 "M1" 接通的状态设为自动运行状态。在这个状态下，光电传感器动作时，内部继电器 "M2" 会接通，这就是气缸前进的指令。只要将这个指令输出，气缸就会向前运动（输出断开时，气缸会向后运动）。此时，触点 "M2" 接通，输出线圈 "Y2"

接通，气缸向前运动。

　　气缸向前运动开始后，接下来将产生动作的是气缸传感器"X3"。在气缸前进指令"M2"有效的情况下，当气缸传感器"X3"动作时，内部继电器"M3"将会接通。继电器"M3"接通后，内部继电器"M2"就会断开，因为继电器"M3"的b型触点在"M2"的自锁电路中。当继电器"M2"断开时，继电器"M3"也会断开。此外，内部继电器"M2"断开时，气缸前进的指令输出线圈"Y2"也断开，至此气缸后退，这样气缸运动就完成了一个循环。

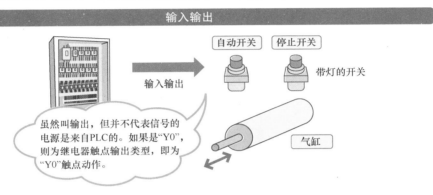

输入输出

自动开关　停止开关

带灯的开关

输入输出

虽然叫输出，但并不代表信号的电源是来自PLC的。如果是"Y0"，则为继电器触点输出类型，即为"Y0"触点动作。

气缸

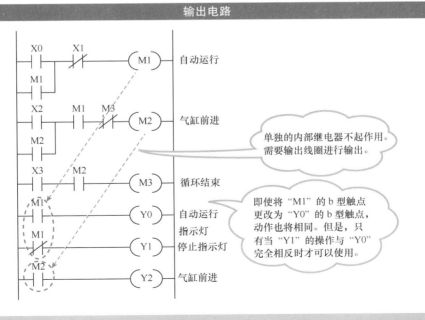

输出电路

X0　X1　　（M1）　自动运行
M1
X2　M1　M3　（M2）　气缸前进
M2
X3　M2　　（M3）　循环结束
M1　　（Y0）　自动运行指示灯
M1　　（Y1）　停止指示灯
M2　　（Y2）　气缸前进

单独的内部继电器不起作用。需要输出线圈进行输出。

即使将"M1"的b型触点更改为"Y0"的b型触点，动作也将相同。但是，只有当"Y1"的操作与"Y0"完全相反时才可以使用。

5-11

什么是复位

设备一般均具有复位功能，操作面板上也有一个复位功能按钮。无论设备当前处于何处或何种状态，复位功能均能将设备返回到初始位置或初始状态。

▶▶ 复位

复位就是返回到初始位置的意思，亦即恢复到原点位置或原点复归。原点位置是一个预先设定的设备初始位置。例如，根据设备的不同，有的将设备的初始位置确定在气缸的展开位置，也有将初始位置确定在气缸收起的位置。

一般情况下，设备的初始位置通常设定在气缸收起的位置。具体设定在哪个位置在很大程度上受设备设计的影响，但设备的最佳初始位置一般是待加工工件处于自由状态的位置（夹具等松开）。

必须要注意的是，在控制程序的梯形图中，不要将其他单元与复位程序相关联。复位程序中存在的任何其他关联都可能会影响复位程序的正常进行，关联到的部件必须按工序逐级进行顺序返回。

▶▶ 复位的必要性

设备之所以需要复位功能，是为了设备能够把握其当前位置，或能够使得设备检测到异常情况。

机器人等设备在断电时会忘记自己的当前位置，因此，在工作开始时需要运动到某个极限位置，并将该位置记作为基准位置，后续的运动均是基于该基准位置向坐标设定的位置动作的，所以复位是一个必不可少的功能。

对于其他设备，情况也是如此。设备每次开始工作的时候，均需要通过复位以回到起始的原点，并检查各单元的传感器信号，确认是否已正常回到设备的原点。如果没有回到原点，则意味着存在问题。

另外，如果设备检测到异常并中途停止（异常停止）后，再次起动自动运行是非常危险的。正确的做法是，首先进行一次复位操作，返回到设备的原点，取出设备里存留的工件，然后再重新开始自动运行。也就是说，复位还具有确保安全的意义，所以一定要在程序中加入复位功能。

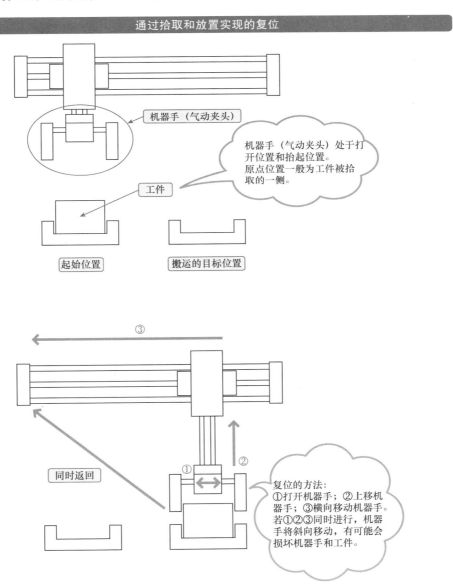

通过拾取和放置实现的复位

机器手（气动夹头）

机器手（气动夹头）处于打开位置和抬起位置。
原点位置一般为工件被拾取的一侧。

工件

起始位置

搬运的目标位置

③

同时返回

①

②

复位的方法：
①打开机器手；②上移机器手；③横向移动机器手。
若①②③同时进行，机器手将斜向移动，有可能会损坏机器手和工件。

什么是自动运行

一般情况下，设备均具有一个被称为自动运行的工作模式。如果不具有这个模式，设备就不能进行自动运行。为了确保安全，对于能够自动运行的设备，设备自动运行前必须进行正确的设定。

▶▶ 什么是自动运行

因公司和行业的不同，自动运行的具体情况也各不相同。但基本上都是先进行设备的复位，然后再开始自动运行这一流程。根据设备的不同，也可能有 3 个阶段的流程，即按照复位、切换到自动模式、开始运行这样的顺序。

对于具有自动运行功能的设备，安全保障是一个基本的要求，也是设备必须要实现的功能。当你把手伸进设备试图进行设备调整时，如果设备突然开始移动，那将会是非常危险的。具有自动运行功能的设备，大多数情况下，设备处于有工件工作和没有工件进入待机状态时，无法从视觉上确认区分其待机状态和停止状态。因此，设备自动运行时，安全保障是一项最基本的必要工作。

▶▶ 自动运行的实现方法

如何绘制自动运行的控制程序有许多注意事项。如果控制程序看起来绘制得挺完善，但却无法正常工作将是非常危险的。

具有安全罩互锁那样的安全机制和进行设备复位操作，是设备进入自动运行的条件，这也是自动运行必不可少的条件。如果在手动运行设备使其适当移动后，没有进行复位操作就起动设备自动运行将是很危险的。这种情况下，由于气缸等是通过手动运行的，装载的工件可能会受到损坏。

虽然在编写程序时可以在自动运行开始时设置设备返回到原点位置的程序，但这并不是一个好的方法。自动运行是设备的重要组成部分，因此在开始自动运行之前，需要确保设备已回到原点位置。

在各单元启动运行程序中，均需要加入自动运行的触点，并为运行启动程序设置自锁条件。另外，如果自动运行因程序中设置的安全罩互锁机制导致自动运行停止，则需要立即停止设备的运行。

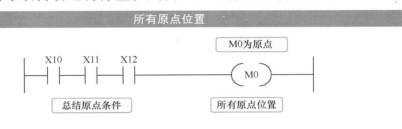

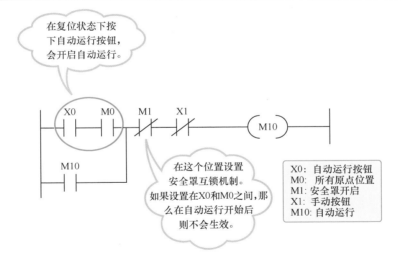

什么是线圈重复

线圈重复是梯形图编程中出现的错误。由于采用梯形图绘制方法进行控制程序编制，在还未习惯时经常容易出现这种错误。

▶▶ 什么是线圈重复

线圈重复按字面意思理解就是画出两个或多个相同设备号的线圈。例如，在如下一页的图所示的梯形图中，就出现了使用两个或两个以上多个内部继电器线圈 M0 的情况。这种情况是不允许的，但可以使用多个 M0 的触点。

在继电器电路中是不可能使用两个或多个相同线圈的。因为，这里所说的"相同线圈"并不是同型号线圈的意思，而是同一个继电器。如下页图所示的继电器 CR0，具有 4 个触点和一个线圈，而这个线圈不能被多次使用。

但是，当采用梯形图绘制在计算机中创建继电器电路的时候，如上所述的在现实世界中不可能使用两个或多个相同线圈的继电器电路，却可以在计算机上以梯形图的形式出现。

▶▶ 重复线圈的动作

对于梯形图中出现的重复线圈，除非实际进行过梯形图的绘制，否则很难理解重复线圈的动作情况。一个总的原则是，在梯形图中不允许使用重复线圈。在下一页会通过梯形图简要解释重复线圈的情况下，动作是如何进行的。

如下一页的梯形图所示，使用了一个内部继电器 M0，并在程序开始和程序结束各有一个 M0 线圈（梯形图线圈）。当 M0 接通时，Y0 也开始输出。

当位于前面行中的线圈 M0 接通，而位于其后面行中的线圈 M0 断开时，线圈 Y0 会发生什么情况呢？答案是线圈 Y0 不能接通。当位于前面行中的线圈 M0 断开，而位于其后面行中的线圈 M0 接通时，线圈 Y0 是接通的。换言之，最接近程序结尾的重复线圈是优先输出的。因为这样的操作可能会导致意外动作的发生，所以不允许在梯形图中使用此类重复线圈。实际上，对于线圈 Y0 不能接通的情况，在程序扫描⊖期间，内部继电器线圈 M0 有一个短暂的接通，但由于 PLC 的特性，它并不输出到线圈 Y0。

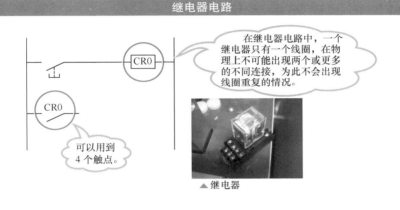

继电器电路

在继电器电路中，一个继电器只有一个线圈，在物理上不可能出现两个或更多的不同连接，为此不会出现线圈重复的情况。

可以用到 4 个触点。

▲ 继电器

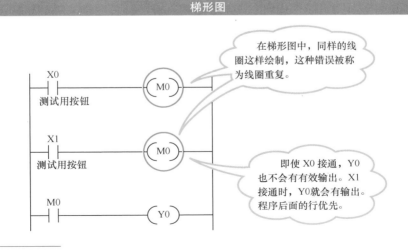

梯形图

在梯形图中，同样的线圈这样绘制，这种错误被称为线圈重复。

即使 X0 接通，Y0 也不会有有效输出。X1 接通时，Y0 就会有输出。程序后面的行优先。

⊖ 扫描，PLC 在内部执行程序的过程。

与继电器电路的差异

梯形图是基于继电器电路绘制的，其动作情况与继电器电路基本相同，如果在基本动作上都与继电器电路有所不同，那就会出大问题，也没有必要介绍继电器电路了。然而，两者之间还是有一个很难注意到的细小差异。

▶▶ 与继电器电路的差异

梯形图电路与继电器电路的不同之处在于，在梯形图电路中可以进行数字化处理和字符串处理等多种功能，但继电器电路没有这样的处理功能，这是理所当然的。这里所说的细小差异指的是两者在执行相同动作的情况下存在的差异。

对于执行相同动作的电路，梯形图电路与继电器电路的最大差异就是触点的动作速度。这在简单的操作电路中无关紧要，但在梯形图电路中，当线圈接通时，线圈的触点会同时动作。

在继电器电路中，即使线圈接通，触点也不会同时动作，与线圈接通有一个小的时间延迟。此外，由于触点的结构问题，a 型触点和 b 型触点的动作速度也是不同的。当线圈动作时，首先发生的是 b 型触点的断开，然后才是 a 型触点的接通。需要注意的是，两者不是同时发生的。

还有一个细小差异就是梯形图是一个程序，由于程序一般是从顶部开始按顺序对电路进行扫描，因此也会出现轻微的时间延迟。即便如此，它还是比继电器电路快，虽然肉眼看不到，但在进行高速测试时还是有影响的。

▶▶ 可以确认差异的电路

在此介绍一个可以说明这种细小差异的电路，这是一个受到继电器触点动作影响的电路示例。如下一页的下图所示，让我们从梯形图看起。

"X0"为按钮，当按下按钮接通"X0"时，"M0"接通。此时继电器"M1"处于失电状态。接下来，因为触点"M0"的接通，继电器"M1"接通。当继电器"M1"接通时，继电器"M0"的线圈被切断，但继电器"M1"实现了自锁。

继电器电路的情况却有些不同。当按下按钮时，继电器"M0"接通，但在继电器"M1"接通的瞬间，继电器"M0"就会被切断。此时，由于继电器"M1"的a型触点没有接通，因此继电器"M1"不能实现自锁。

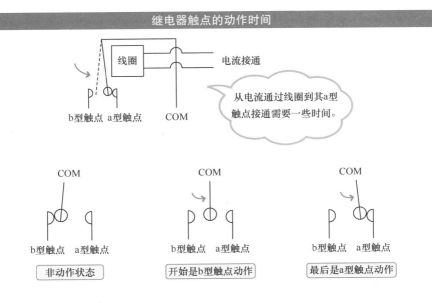

继电器触点的动作时间

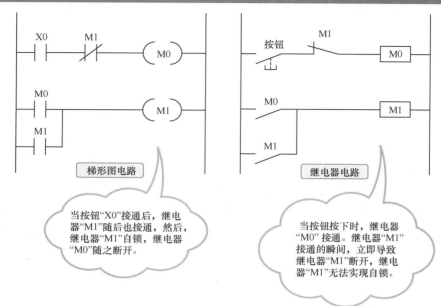

当按钮"X0"接通后，继电器"M1"随后也接通，然后，继电器"M1"自锁，继电器"M0"随之断开。

当按钮按下时，继电器"M0"接通。继电器"M1"接通的瞬间，立即导致继电器"M1"断开，继电器"M1"无法实现自锁。

电流切断时的注意事项

通过继电器来实现电流的切断和接通时，有一些事项需要加以注意。

如果切断的电流过大，则会在电流切断的瞬间产生电火花，这种电火花被称为电弧。电弧的产生会严重损坏继电器的触点。

在交流电源的情况下，电压的大小是随时间不断变化的，因此，如果在电压达到峰值的瞬间切断电流，就会产生很大的噪声。反之，如果在电压达到0V的瞬间切断电流，触点就不会损坏。

SSR（固态继电器）多用于电流需要经常切断的地方。SSR由半导体器件构成，其过零触发功能会在电流变为0的瞬间进行电流的开启/关闭。

不管SSR在哪个时间开启，其控制的电流均会在越过0的瞬间开始流动，实现电流的接通。电流切断的情况，也是同样的原理。

因为SSR产品的规格是按容量进行区分的，所以使用时需要选用合适的容量。综上，SSR对于切换大电流的电路很有用。

极简图解顺序控制原理和基本电路（原书第2版）

第 **6** 章

顺序控制电路的绘制

在本章中，我们将实际连接顺序控制器的外部输入/输出，并创建一个简单的控制程序。梯形图基本上可以自由创建，但正是由于这种自由创建，也意味着，如果不了解梯形图创建的基础知识，则可能会以一种糟糕的方式创建一个荒谬的梯形图，因此需要对基础知识有扎实的了解。

编程心得

从这里，我们将开始使用计算机学习梯形图的绘制。虽然以正式的方式写了心得，但我会说明一些要点，希望你能愉快地阅读它。

▶▶ 好奇心和上进心是最好的武器

梯形图是一种不同于一般编程语言的特殊语言，因此，受梯形图之外的编程经验差异影响不大，这一点不需要过于在意。如果是一位编程新手，那也不需要担心，大家的起跑线可能是一样的。

好奇心对于编程来说很重要，也是实现良好编程的关键。诸如"为什么这个程序有效？""为什么要画成这样？"一类的问题，需要带着好奇心去不断进行追问，这也是提高编程能力的捷径。

当你想到"如果我改变这个程序的这一部分会怎样呢？"，那就需要自己去分析将会发生的情况。一旦有了确定的结果，就做出一个"如果改变这部分，就应该是这样"的预测，然后通过实际电路进行验证，并尝试从各个角度去理解它。

另一个是需要有上进心，想变得比现在更好，想做比现在更高级的事情。如果你带着这样崇高的目标去学习，会进步得更快。

如果没有好奇心和上进心，对编程学习缺乏兴趣，学习也不会持久。因此，对于编程学习而言，需要边玩边学。

▶▶ 动作正常

当我刚开始学习编程的时候，我制作了一个小而简单的装置，并试图编写一个程序来控制它。几天后，编写的程序使装置表现异常并导致了故障，于是对该程序进行了修复，并把这件事报告给了我的上司。

"我对程序进行了修复，因为它动作不正常。"

得到的回复是，"不是动作不正常，不正常的是程序。"当然，装置只能按照程序进行工作，按照程序发出的命令工作。因此。需要牢记的是，如果设备没有按照预期工作，那么错误在程序，而不是设备。

6-2

顺序控制所需的设备和软件

在本书中，是使用三菱 PLC 进行顺序控制的。从这里开始，我们将以三菱 PLC 为中心进行介绍，但首先介绍的是顺序控制所需的设备。

▶▶ 计算机

可以使用台式机进行，但由于控制工作基本上需要在现场的设备前进行，所以最好是使用能随身携带的笔记本计算机进行。

▶▶ USB 转串口的转换线

最近的大多数笔记本计算机均没有配置 RS-232C 串行通信端口。对于当前的 PLC 来说，有些是配备了 USB 接口的，因此可以通过 USB 接口，使用 USB 线实现 PLC 与计算机的连接。但是，有些没有 USB 端口的 PLC 仍在使用中，特别是早期的 PLC，因此需要根据要连接的 PLC 来选择进行连接操作的方式。

如果你的计算机没有 RS-232C 端口，则需要配置一条 USB 转串口的转换线。

▶▶ 转接电缆（RS-422 转 RS-232C）

像以上所述的那样，在通过 USB 接口实现计算机和 PLC 的连接时，是不需要用到这样的转接电缆的。但在通过 RS-232C 串行通信端口实现计算机和 PLC 连接的情况下，由于 PLC 侧的通信标准为 RS-422，而计算机侧为 RS-232C，因此需要进行转换。由于带转换器的电缆价格昂贵，因此只要是能够通过 USB 连接的环境，就不需要去购买。

▶▶ 软件

对于顺序控制所需的软件，需要使用三菱公司的"GX Works2"或"GX Developer（Version 8）"。"GX Developer"是一款较旧的软件，但它支持稍早期的 PLC，例如 A 系列 PLC 等。如果你不打算使用 A 系列的 PLC，那么用"GX Works2"就可以了，笔者就正在使用"GX Works2"。

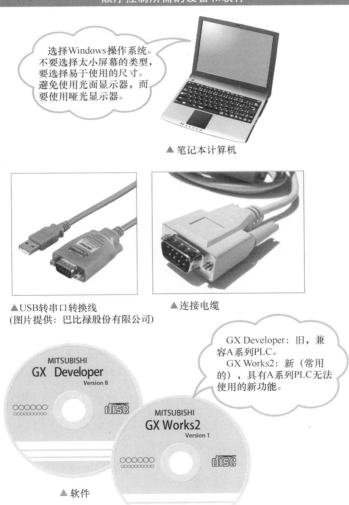

顺序控制所需的设备和软件

选择Windows操作系统。不要选择太小屏幕的类型，要选择易于使用的尺寸。避免使用光面显示器，而要使用哑光显示器。

▲ 笔记本计算机

▲USB转串口转换线
（图片提供：巴比禄股份有限公司）

▲ 连接电缆

GX Developer：旧，兼容A系列PLC。
GX Works2：新（常用的），具有A系列PLC无法使用的新功能。

▲ 软件

使用的顺序控制器

下面将要介绍的是 PLC 外部的接线方法。PLC 外部必要的接线包括电源、传感器信号的输入等，以及到指示灯和电源的输出。本节将介绍 PLC 的电源接线和 DC 直流电源的接线。

▶▶ 使用的顺序控制器

PLC 的种类有很多，而本书主要使用的基本都是由三菱公司制造的 PLC。由于三菱公司的 PLC 被称为顺序控制器，因此在本书中也有将 PLC 称为顺序控制器的情况。三菱公司的 PLC 种类繁多，但在本书中，我们将选择使用三菱公司制造的 FX 系列顺序控制器，以适合初学者的学习。

▶▶ FX 系列简介

FX 系列 PLC 是一款廉价的顺序控制器。但是，当前的 PLC 即使是价格便宜的类型，也具有足够的性能，对初学者来说已经足够了。如下一页的左上图所示，是一款型号为 FX1N 的顺序控制器。标配的 FX1N 系列（FX1NC 除外）顺序控制器，配有接线端子和所需的最低限度的输入/输出单元。因此，对于简单的装置，单体标配的 FX1N 系列顺序控制器均可以轻松地实现设备的简单控制。

高端机型（如 Q 系列）则与此相反，需要自行选择输入/输出单元（被称为 I/O 单元），以创建满足特定功能需要的 PLC。与自己组装计算机一样，需要自己选择并安装必要的单元。

▶▶ 通信端口和 RUN 设置

在 FX1N 系列顺序控制器中，机身左侧标记有 "MELSEC"，下面有一个像盖子一样的安全罩，你可以在此处找到用于连接到计算机的端口。通过圆形连接器与计算机实现连接，即可以在计算机里进行控制程序的编写。打开盖子的一侧有一个开关，向上推为"RUN"的位置，向下推为"STOP"的位置。顺序控制器中的程序在"RUN"状态下运行，在"STOP"状态下停止运行。也就是说，必须设置为"RUN"状态才能执行所编写的控制程序。

使用的顺序控制器

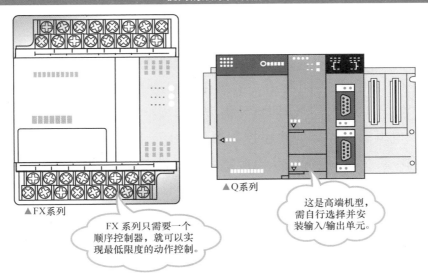

▲FX系列

▲Q系列

FX 系列只需要一个顺序控制器，就可以实现最低限度的动作控制。

这是高端机型，需自行选择并安装输入/输出单元。

通信端口和 RUN 设置

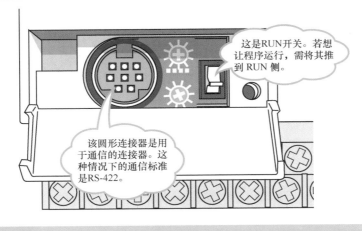

这是RUN开关。若想让程序运行，需将其推到 RUN 侧。

该圆形连接器是用于通信的连接器。这种情况下的通信标准是RS-422。

电源电路

电源电路为顺序控制器提供电源。此外，如果仅靠FX的直流电源供电不能够满足电源容量要求的话，则需要添加额外的电源。下面将介绍在这种情况下如何进行电源电路的接线。

▶▶ 电源的输入

将外部供电电源线连接到顺序控制器电源电路的"L"和"N"接线端子。如下页上图所示，虽然在此标记为 AC 100V，但需要注意的是，也有一些顺序控制器型号需要 DC 规格的电源输入。将外部 AC 100V 供电电源线连接到顺序控制器的"L"和"N"端子上，设备就可以工作了。如果电源是从电源插座进行供电的，按这样的接入即可。在附加有紧急停止等功能时，需要在其间插入紧急停止按钮的 b 型触点。这是基于安全标准的要求，在需要紧急停止时，相比于向 PLC 发出紧急停止信号，关闭 CPU 的电源更加安全可靠。当然，也取决于设备的具体情况，因此请务必根据设备进行接线。

▶▶ 电源的添加

顺序控制器也可以输出 DC 24V 的直流电源，但是容量较小，如果驱动大容量的负载，顺序控制器会无法起动。

为传感器供电时，使用该电源是没有问题的。但当负载超出该电源的容量范围时，需要添加外部直流电源。对于外部直流电源的接线，并联连接顺序控制器的 AC 100V。

接下来，连接直流电源的负极端子和顺序控制器的 COM 端，并保持接地端的共用。否则，当传感器由直流电源供电时，输入信号将不会进入顺序控制器。如果传感器由顺序控制器的电源供电，则没有问题。如果没有特别限制，需要保持接地端共用连接的状态。

相反，勿将顺序控制器的 24+端子连接到直流电源的正极端子。因为即使两个电源电压都是 24V，它们也不是完全相同的 24V。虽然插上电源不会马上坏掉，但这样会缩短电源的寿命。

另外，即使直流电源的电压不同，同一接地侧的连接也没有问题。

电源的输入

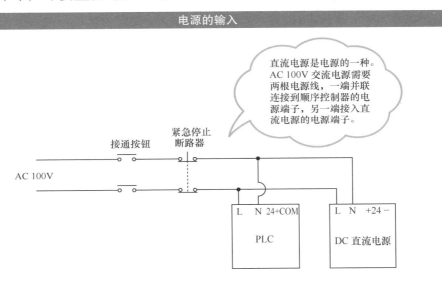

直流电源是电源的一种。AC 100V 交流电源需要两根电源线，一端并联连接到顺序控制器的电源端子，另一端接入直流电源的电源端子。

电源的添加

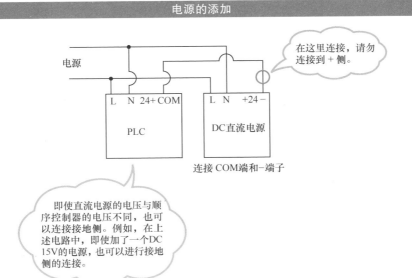

在这里连接，请勿连接到 + 侧。

连接 COM端和−端子

即使直流电源的电压与顺序控制器的电压不同，也可以连接接地侧。例如，在上述电路中，即使加了一个DC 15V的电源，也可以进行接地侧的连接。

PLC 输入端子的接线

将输入信号输入到顺序控制器（PLC），需要通过连接到顺序控制器的接线来进行，否则信号就不能输入到顺序控制器。下面介绍具体的接线方法。

▶▶ 关于输入

"X"是顺序控制器输入地址的前缀（符号）。在顺序控制器上，通常会看到 I/O 接线端子，排成一列。其中带有"X0""X1"……标号的即为输入接线端子。在此处连接输入信号线，并且只能按接线端子所具有的输入数量进行连接。所以在实际使用控制设备时，需要仔细检查 I/O（输入和输出）的数量。

在继电器控制电路中，通过传感器使继电器产生动作，进而使用继电器触点使继电器电路产生动作。在 PLC 这样的顺序控制器中，通过传感器使得相应的输入触点"X"动作。例如，如下页上图所示，可以通过短接（连接）COM 接线端子和任意一个"X"接线端子来进行信号的输入。

如果将端子"X0"和 COM 端短接，则顺序控制器表面的"X0"指示灯会亮起并输入信号，同时这个输入"X0"的状态也被用于顺序控制器的程序。

如果按如图所示连接按钮等，则按下按钮即有有效信号输入。以同样的方式也能实现二线式气缸传感器的连接。

▶▶ 传感器输入的接线方法

如透射式传感器或反射式传感器那样需要电源的传感器类型，如何进行输入信号的连接呢？答案是需要按下页下图所示的那样进行连接。可以看到，透射式传感器的投光器元件只有棕色和蓝色两条线，这是其电源线，需要将其中的棕色线连接到 DC24V，亦即电源的正极。蓝色线则需要连接到 COM（负极）端。受光器元件有 3~4 根线，其中的棕色和蓝色线同样是电源线。

需要注意的是，对于一个二线式气缸传感器来说，其连接外部的导线只有棕色和蓝色两根。对于这种气缸传感器的连接，需要将其中的棕色线连接到 "X" 输入端子，将其中的蓝色线连接到 COM 端。因此，不能简单地根据线材的颜色来判断，而是需要在确认其是什么类型的传感器后再进行接线。

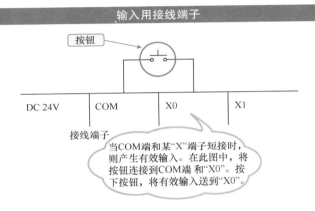

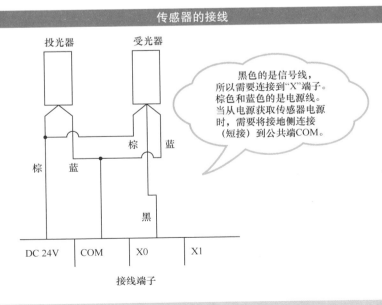

PLC 输出端子的接线①

本节进行输出端子接线的介绍。在没有输出的情况下，即使将信号输入到顺序控制器并运行所创建的程序，被控制的设备和机器也不会动作。因此，与输入端子一样，输出端子也必须进行接线连接。

▶▶ 输出端子的接线

在 PLC 这样的顺序控制器中，"Y"是输出地址的前缀（符号）。如下页的图所示，需要注意的是，其中的"COM0"与输入接线介绍中所说的 COM 是不同的。例如，如果想要控制一个指示灯，那么需要先将指示灯的正极连接到电源的正极，并将电源的负极连接到"Y0"旁边的 COM0（0 为输出信号的编号）上。

接下来，将指示灯的负极连接到输出端子"Y0"。在此状态下，当从顺序控制器输出 Y0 时，指示灯将亮起。

▶▶ 输出端子的动作内容

顺序控制器的输出端子就是一个简单的触点。实际上，顺序控制器的输出类型有多种，但这里所介绍的类型是继电器输出的类型。也就是说，当输出"Y0"有效时，相对应的继电器触点"Y0"即动作。尽管在此实际使用的是继电器的触点，但在程序中的输出点依然被称为线圈。

像这样，当输出触点闭合时，电流即能流动，从而点亮指示灯。在此，使用了直流负载，但由于它只是一个触点，所以也可以与交流负载一起工作。另外，对于触点的容量是有限制的，如果直接连接过大的负载，触点就会出现故障。

此外，在直流负载的情况下，触点本身是没有极性的。换句话说，即使将 DC 24V 的正极连接到 COM0，并将电源的负极连接到负载侧，它也是可以工作的。这是因为输出是继电器型的。

当然，顺序控制器的输出类型也有晶体管型的。在这种情况下，其输出是具有极性的，除非极性按照如下一页的图所示的那样进行，否则输出电路将不会动作。因此，建议从一开始就按这样的极性进行连接。

输出端子的接线方法

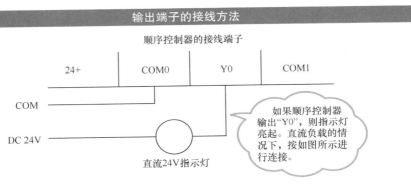

输出端子的动作内容

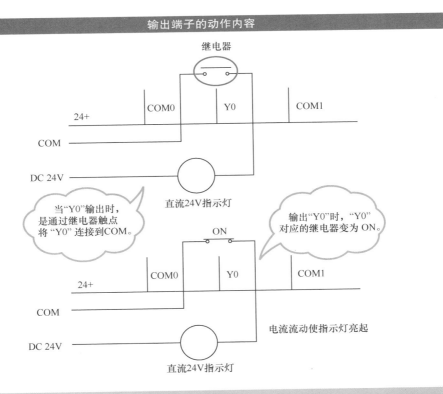

PLC 输出端子的接线②

　　FX1N 等系列的顺序控制器输出接线端子的实际配置如下页的上图所示。在此将根据这样的配置，介绍如何连接负载的方法示例。为便于介绍，接线端子的数量和配置与实际有所不同。

▶▶ 连接示例

　　至于负载，连接"Y0"的是无电压的无源负载，是将从负载出来的两根线进行短接的类型。由于无电压施加，所以将其分配到如下页下图所示的位置。如果输出"Y0"有效，则实现两根负载线的短接。

　　接下来是输出"Y2"至"Y5"的连接，均配置了直流负载。在这种情况下，"Y3"至"Y5"为一组输出，并且与输出"Y2"是相互独立的。为此，需要将"COM1"和"COM3"连接在一起。

　　输出"Y6"至"Y10"均配置了交流负载。由于"COM3"是直流负载的公共端，所以切勿将"COM4"和"COM3"连接在一起。在此，以"COM4"为公共端的输出部分是独立的。

▶▶ 其他 PLC 的接线

　　至此，对输出接线进行了简要介绍。虽然介绍中所用到的 PLC（顺序控制器）是带有接线端子的，但大多数高端型号的 PLC 都没有配置接线端子。

　　在没有配置接线端子的情况下，则需要增设一个输入/输出单元。此外，输入/输出单元也没有配置接线端子，只有连接器，输出电路的公共端 COM 也不像下页的上图所示的那样相互独立。

　　输出"Y0"至"YF"不是相互独立的。在 FX 系列 PLC 中，输入和输出的编号均从 0 开始，达到 7 后则增加一个数位。也就是说，

"X7"后面跟着"X10"，是取每 8 进 1 的八进制数。Q 系列等具有从"X0"到"XF"的 16 个编号（十六进制）。需要注意的是，地址会根据电路单元编号而变化。

对于当前出品的 PLC，体积越来越小，并且输出大多为晶体管输出，所以在购买前需要进行仔细确认。

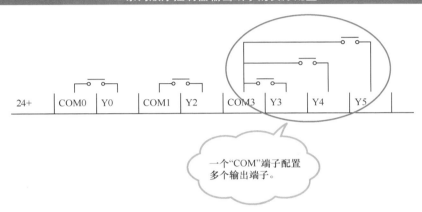

FX 系列顺序控制器输出端子的实际配置

一个"COM"端子配置多个输出端子。

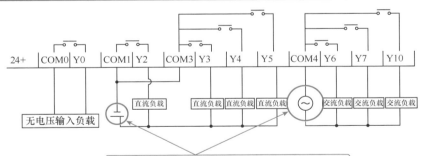

输出端子连接示例

由于AC和DC之间的电压不同，所以它是这样划分的。如果交直流负载不平衡，而且没有足够的端子，那么可以使用继电器进行转换。例如，插入一个直流继电器代替直流负载"Y4"。虽然继电器在直流电上动作，但继电器触点可以在交流电上使用。

FX系列接线端子编号以八进制数表示。
Q 系列和早期 A 系列以十六进制数表示。

GX Works2 的起始设置

"GX Works2"是一款可以进行梯形图创建和编辑的软件，在此介绍其初始化设置。本书所做的介绍基本都是基于"GX Works2"的，但其设置方法和内容与 GX Developer 的设置基本相同。

▶▶ GX Works2 的启动

如果正常安装了"GX Works2"软件，则在单击【所有程序】➡【MELSOFT 应用程序】时，会有一个启动"GX Works2"软件的图标，单击该图标即可以启动"GX Works2"。软件启动后会根据设置，给出软件的屏幕显示。此时，在左上角的菜单中，单击【项目】➡【新建项目】。

首先，在此屏幕状态下进行顺序控制器类型设置。在此，将要使用的是 FX1N 顺序控制器，所以将系列（S）设置为"FXCPU"，将型号（T）设置为"FX1N/FX1NC"。设置完成后，按【OK】按钮。

▶▶ 起始设置

接下来，检查菜单栏上的【查看】➡【注释显示】。通过此操作，将在梯形图电路上显示编写的注释。

初始设置完成之后，还可以根据个人的喜好调整屏幕的颜色。至于文件的保存，可以通过【项目】➡【项目另存为】来进行保存。在上一次保存操作后，还可以进行下一次的覆盖保存，所以没有问题。

文件保存有单文件格式和工作区格式两种方式。作者在此采用的是单文件格式（也是通常的方式）。两种文件保存方式可以使用屏幕底部的按钮进行切换。

在使用 GX Developer 的情况下，需要创建一个文件夹而不是选择文件的格式。

接下来是注释输入的设置。如果在电路输入画面勾选"继续注释输入"按钮，则在指令输入后可以继续进行注释的添加。

在使用 GX Developer 的情况下，需要从菜单栏中选择【工具】➡【选项】。该画面上有添加注释的项目，因此可勾选"编写指令时继续"，然后按【OK】按钮。

创建一个新项目

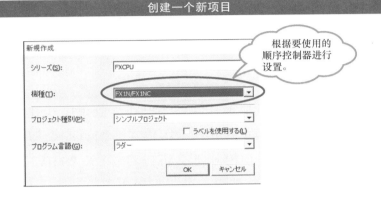

根据要使用的顺序控制器进行设置。

梯形图编辑时的注释设置

单击这个按钮

▼ GX Developer的情况下

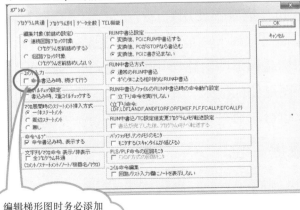

编辑梯形图时务必添加注释。如果没有注释，可能会看不懂程序。

6-9

GX Works2 的简单使用方法

本节将介绍 GX Works2 的简单使用和操作方法。虽然本节介绍的只是 GX Works2 使用和操作的基础部分，但都是在实际使用时应该记住的内容。"GX Developer" 的使用方式与之基本相同。

▶▶ 模式

"GX Works2" 具有读取模式、写入模式、监视模式和监视写入模式。读取模式是检查电路时使用的工作模式。编辑或添加电路时使用写入模式。实际上，在监视模式下，可以将 "GX Works2" 连接到顺序控制器，并查看顺序控制器中当前梯形图电路的实际运行情况。

在 "GX Works2" 画面的左上方，有如下页上图所示的图标。单击这些图标可以进行工作模式的更改。此处的图标有多个，忽略最左边的那个图标，从第二个图标开始，从左到右依次为读取模式、写入模式、监视模式和监视写入模式。在监视写入模式下，可以边监视边写入。该工作模式是否好用，是因人而异的，习惯后即会有自己的判断。顺便说一句，笔者不使用它。

至于电路输入，如下一页的中图（电路输入）所示的那样，排列在屏幕顶部的图标是梯形图电路所用到的电路符号。可以通过单击这些图标来进行梯形图电路的输入，并且由于这些图标中具有诸如 "F5" 等键盘符号，因此也可以通过按【F5】键来进行一个 a 型触点的输入。

▶▶ 项目数据一览

屏幕左侧显示的是正在处理的当前项目的项目信息。双击 "程序"，将出现 "MAIN"，这是正在创建的梯形图。

双击 "全局设备注释"，则显示 "注释"。双击 "COMMENT" 进入注释编辑画面，可以从这里为每个设备编号设置注释。双击"MAIN"
返回梯形图。

模式切换

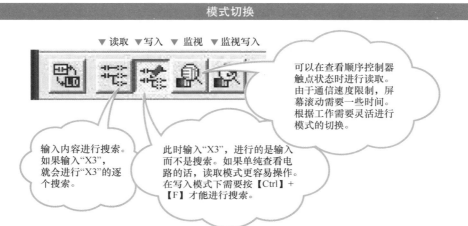

▼ 读取 ▼ 写入 ▼ 监视 ▼ 监视写入

可以在查看顺序控制器
触点状态时进行读取。
由于通信速度限制，屏
幕滚动需要一些时间。
根据工作需要灵活进行
模式的切换。

输入内容进行搜索。
如果输入"X3"，
就会进行"X3"的逐
个搜索。

此时输入"X3"，进行的是输入
而不是搜索。如果单纯查看电
路的话，读取模式更容易操作。
在写入模式下需要按【Ctrl】+
【F】才能进行搜索。

电路输入

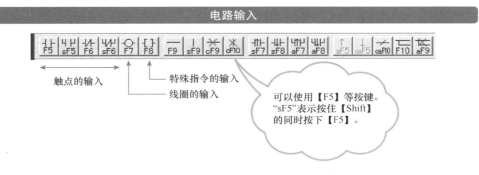

触点的输入

特殊指令的输入

线圈的输入

可以使用【F5】等按键。
"sF5"表示按住【Shift】
的同时按下【F5】。

项目数据一览

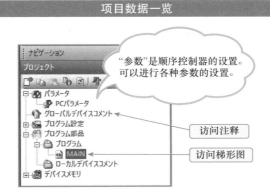

"参数"是顺序控制器的设置。
可以进行各种参数的设置。

访问注释

访问梯形图

6-10

梯形图绘制

本节尝试使用"GX Works2"创建一个简单的梯形图电路。请记住在本节所介绍的操作方法。

▶▶ 电路输入

首先，启动"GX Works2"并从【Project】➡【New Project】中选择要使用的顺序控制器类型。

然后进入显示进行电路输入的画面，并在右侧的大窗口中进行梯形图的绘制。在该窗口内进行单击操作，蓝色的方块就会移动。也可以使用键盘上的方向键（带箭头的键）进行蓝色方块的移动。在这些方块内可以进行触点等的绘制。此时，需要回到屏幕的左上角，通过单击电路元件的图标进行，也可以通过按【F5】键来进行。通过按【F5】键实现的操作与从上面的图标中单击"a型触点"图标的操作是相同的。

在进行上述"a型触点"的绘制操作后，屏幕梯形图绘制窗口将出现一个输入画面。在此，由于出现的是一个a型触点，需要输入触点编号。假设已将按钮连接到顺序控制器I/O的"X0"输入端子，在此即需要键入"X0"并按【Enter】键即可。出现添加注释的提示时，需要进行注释的添加，完成后再按【Enter】键。

▶▶ 转换

如下一页的图所示，是输入梯形图电路在"转换前"的状态。在这种状态下，正在输入的部分是灰色的。这是因为此时的梯形图电路仍在编辑中，电路尚未确定。

这种情形如同在计算机上进行文字输入时，在输入字符的下方会显示波浪线一样。在进行文字输入时，可以使用空格键进行输入字符的确认，这与在此所说的输入梯形图电路的转换是类似的。

输入时，按【Enter】键进行确认。在"GX Works2"中，按【F4】键，灰屏显示则取消，表示输入梯形图电路的确定。这个过程被称为转换，也可以通过单击菜单中的【转换】➡【转换】来进行。如果进行电路的修改，则在修改过程中，已编辑的部分再次变为灰色。由于在该状态下尚未进行电路的确定，因此需要用【F4】键进行转换。就这样，通过这种操作的反复进行，进行梯形图电路的输入。

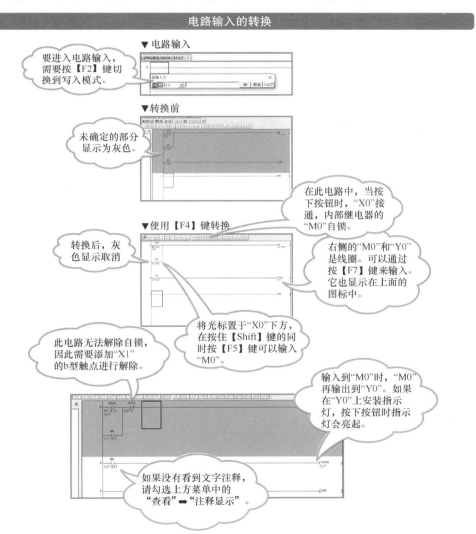

电路输入的转换

▼电路输入

要进入电路输入，需要按【F2】键切换到写入模式。

▼转换前

未确定的部分显示为灰色。

在此电路中，当按下按钮时，"X0"接通，内部继电器的"M0"自锁。

▼使用【F4】键转换

转换后，灰色显示取消。

右侧的"M0"和"Y0"是线圈。可以通过按【F7】键来输入。它也显示在上面的图标中。

将光标置于"X0"下方，在按住【Shift】键的同时按【F5】键可以输入"M0"。

此电路无法解除自锁，因此需要添加"X1"的b型触点进行解除。

输入到"M0"时，"M0"再输出到"Y0"。如果在"Y0"上安装指示灯，按下按钮时指示灯会亮起。

如果没有看到文字注释，请勾选上方菜单中的"查看"➡"注释显示"。

注释的添加

可以在梯形图中加入注释信息。虽然注释信息和程序的运行无关，但是添加注释可以让电路更容易理解。

▶▶ 什么是注释

注释是梯形图中触点下方显示的一些字符，是程序的注释信息。如果在梯形图程序中没有看到注释信息的显示，可以通过【查看】➡【注释显示】中的菜单，勾选注释信息的显示来进行。

如果没有注释信息，则电路梯形图的阅读和理解需要花费更多的时间。有时候电路梯形图还经常需要打印出来，如果打印出来的梯形图没有注释信息，则很难理解内部电路的工作情况。在某些情况下，注释信息还能使得电路梯形图的修改和重新绘制变得更加方便和快捷。

注释信息与程序的运行及操作没有直接关系，但却是一类非常重要的信息，务必在绘制电路梯形图时进行添加。

▶▶ 注释信息的编辑

在进行电路梯形图的绘制时，如果设置为添加注释的状态，则在输入电路元件后会出现添加注释信息的画面。这个功能很方便，但是在进行多个相似注释信息添加的时候仍然会显得有一些不便。在这种情况下，可以使用专用工具进行注释信息的添加。在项目信息一栏的列表中双击"全局设备注释"，将出现一个专用于注释信息添加的画面。在设备注释信息添加画面中，设备是从"X0"开始显示的，可以在此进行各个设备注释信息的添加，将事先整理好的注释信息统一进行添加。

此时，可以在设备名称部分输入所需的设备名称，然后按【Enter】键进行切换。例如输入"Y0"，再按【Enter】键切换到下一个元件。

这样的操作看起来像操作 Microsoft Excel 中的单元格。实际上，也可以直接复制 Excel 单元格进行注释信息的添加。假如进行诸如 No1、No2 等连续编号这样的注释信息编辑，可以先使用 Microsoft Excel 进行注释信息的编辑，再通过 Excel 的自动填充功能进行注释信息的快速编辑，然后再通过一次全部复制来实现注释信息的添加。

注释显示示例

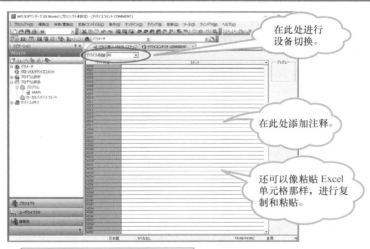

注释添加画面

由于注释的字符数是有限定的，因此可以做一些缩写，例如：
开关 ➡ "SW"
按钮 ➡ "PB"
限位开关 ➡ "LS"
指示灯开关➡"PBL"等

PLC 参数的简单设置

本节将介绍 PLC 参数的基本设置。在此前的介绍中，无须进行 PLC 参数的设置即可正常工作，但在此还是让我们简单了解一下这些 PLC 参数的设置的作用。

▶▶ 关于参数

参数是顺序控制器的基本设置，是顺序控制器的重要组成部分，但在初学阶段没有必要过多地进行参数的变更。如果是 F 系列的 CPU，即使无须任何特殊设置，顺序控制器也可以正常地工作。

PLC 参数设置包括如何使用顺序控制器中的内存。可以将 100% 的注释数据储存于程序存储空间，也可以将部分注释数据存储在注释信息存储区域。但在目前的阶段，这样的解释也可能不是很容易理解。

在此，需要做到的是，首先需要在脑海中考虑参数设置可以做哪些工作，以便，在需要时进行必要的设置就可以了。除此之外，对于 Q 系列的 CPU，如果不进行参数的设置，其 CPU 就不能进行工作。

▶▶ 设置方法

进行 PLC 参数的简单设置，首先需要双击屏幕左侧项目信息一览列表中的"参数"，然后将看到一个名为"PLC 参数"的项目，再双击"PLC 参数"，以打开 PLC 参数设置画面。

参数设置画面（FX 参数设置画面）上的每个项目都有选项卡，可以进行切换和设置。设置完成后，按屏幕下方的【完成设置】按钮完成参数的设置。如果在此过程中感到困惑，可以使用屏幕底部的【默认】按钮返回默认设置。

即使在此处完成了 PLC 参数的设置，当前设置的 PLC 参数也不会立即反映到顺序控制器中。根据下一节的介绍可知，需要将数据写入顺序控制器后，所设置的参数才会生效。此外，还可以从顺序控制器加载当前的参数设置。

如本页的图所示，介绍了 PLC 参数的简单设置。但如果使用的是 F 系列 CPU，此时无须进行任何设置。

PLC 参数

▼ 设置画面

双击这里。

▼ 内存容量设置

在将注释数据写入顺控程序的内存时进行设置。

设置内存中的数据存储器。

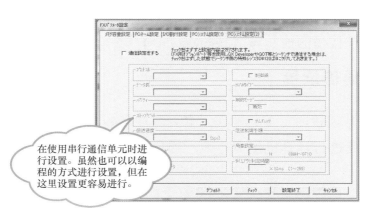

在使用串行通信单元时进行设置。虽然也可以以编程的方式进行设置，但在这里设置更容易进行。

第 6 章

梯形图电路的下载①

通过"GX Works2"完成了一个梯形图电路的绘制后，这个电路还不能立即产生应有的动作，这是因为需要将梯形图电路下载到顺序控制器，并进行运行后电路的动作才能体现出来。

▶▶ 计算机和顺序控制器的连接

在将顺序控制器连接到计算机之前，需要对顺序控制器进行通信设置。当前的顺序控制器一般都带有 USB 端口，因此顺序控制器连接到计算机的最简单方法就是使用 USB 端口进行连接。

但是，一些较早期的顺序控制器没有 USB 端口。例如，FX2CPU。FX2 系列的顺序控制器配置有一个圆形的连接端口，这是一个 RS-422 的通信连接器。但是，计算机一般没有 RS-422 端口。因此，需要使用专用电缆（进行 RS-232C 和 RS-422 转换的电缆）将计算机的 RS-232C 端口连接到顺序控制器。

最近的许多顺序控制器[○]都有 USB 端口，因此不必考虑太多，但较早期的产品系列没有 USB 端口，所以需要牢记这一点。

请试着配置它。用电缆连接顺序控制器和计算机，双击左侧导航窗口中的【连接目的地】➡【Connection1】。

▶▶ 进行通信设置

采用 USB 连接时，首先双击"PC 端 I/F"，然后单击其中的"串行"项，在此进行计算机侧 I/F 串行通信端口的详细设定。此时会显

○ 对于一些带有某种标志的产品，进行 USB 连接时需要安装 USB 驱动程序。有关详细信息，参见"6-17 顺序控制器和计算机的连接方法①"。

示如本页下图所示的画面，在此画面中勾选"USB（GOT 透明）"。

在通过 RS-422 连接时，需要进行 COM 端口号的设置，进行 COM 端口号设置时的屏幕显示如下一页的下图所示。在此设置的是 COM1，表示通过计算机的串行通信端口 COM1 进行顺序控制器的连接。如果计算机［如个人计算机（PC）等］有多个串行端口，则必须设置将要进行连接操作的那个串行端口（COM）。进行设置时，首先双击下页上图所示屏幕上部的"串行"图标。

然后会出现如下所示的屏幕显示。在此处选择 COM 端口号，匹配将要进行连接操作的串行通信端口号。最后，单击【OK】按钮，使得设置生效。

通信设置

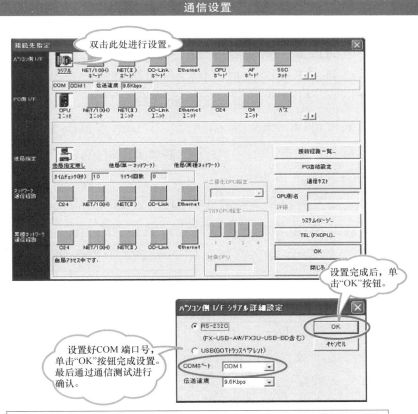

用 USB 连接时，需要勾选"USB（GOT 透明）"。通过 USB 端口实现虚拟串行通信口时，串行通信口被设置为"RS-232C"型。从计算机直接连接到顺序控制器时可选择 USB 连接（仅当顺序控制器有 USB 端口时）。实际上，无需进行任何特殊设置也可能实现计算机和顺序控制器的连接。如果没有连接上，再尝试更改 COM 端口号的设置。

梯形图电路的下载②

至此，已经完成了通信设置，接下来尝试进行绘制完成的梯形图电路的下载，将其写入到顺序控制器。在此使用在梯形图绘制中所介绍的梯形图电路。

▶▶ 计算机（PC）端的程序下载

在计算机上进行梯形图电路的绘制，并执行转换工作，以消除灰色显示区域。然后，从菜单中选择【在线】➡【写入】。此时需要打开顺序控制器的电源，并进行计算机和顺序控制器的连接。如果已经进行过通信端口的设置，则屏幕将显示类似于下一页上图所示的画面。

此时，需要通过下载内容选择按钮设定下载写入的内容。通常情况下，单击【参数+程序】按钮，再单击【确定】按钮就没有问题了。虽然注释等数据也可以写入顺序控制器，但是由于该部分的数据容量较大，所以还是到最后阶段，在顺序控制器的内存有剩余的时候再进行注释等数据的下载。

这是一种全局式的程序下载方法。因此，在进行程序下载时有必要将顺序控制器置于 STOP 状态。换言之，设备必须处于停止运行的状态。在程序下载后，再将顺序控制器置于 RUN 状态，开始程序的运行。

▶▶ RUN 期间的程序更改

如果仅仅更改程序的一部分，则可以只进行更改部分的程序下载。对于这种部分程序下载，可以在顺序控制器 RUN 期间进行，无须停止设备运行即可实现程序数据的写入。

在对梯形图电路进行程序的部分更改时，不要在此处按通常的方法进行转换，而是需要按住【Shift】键和【F4】键来进行。如果要从菜单中进行转换，需要选择【转换】➡【转换（在 RUN 期间写入）】

菜单项来进行。这样就可以在程序运行的状态下，进行梯形图电路的绘制，而无须停止设备的运行，

　　但这样的操作也是有条件的。除非计算机端的程序与顺序控制器中的程序一致，否则无法执行这样的操作。因此，如果在程序一致的状态下更改了其中的一部分，并错误地将其按通常方式进行转换，那么此时两者将会不一致。为了使两者一致，需要进行一次"在线"写入或读取。

计算机（PC）端的程序下载

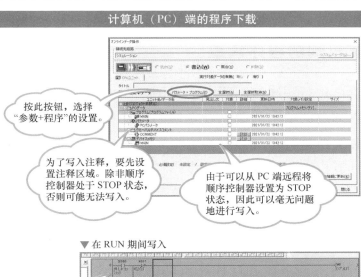

按此按钮，选择"参数+程序"的设置。

为了写入注释，要先设置注释区域。除非顺序控制器处于 STOP 状态，否则可能无法写入。

由于可以从 PC 端远程将顺序控制器设置为 STOP 状态，因此可以毫无问题地进行写入。

▼ 在 RUN 期间写入

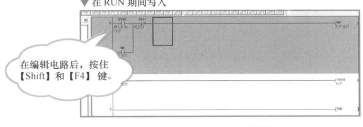

在编辑电路后，按住【Shift】和【F4】键。

当出现这样的画面时，单击"是(Y)"按钮。

编辑完成的梯形图电路需要进行部分修改时，可以使用RUN期间的程序更改来进行。在电路调试和故障排除时通常也会设置为在 RUN 期间的程序更改来进行。该功能经常使用，因此请务必记住。

梯形图电路的上传①

本节介绍顺序控制器中当前程序的读取。读取的程序可以进行编辑和修改。需要注意的是，进行顺序控制器中当前程序的读取时，读出的程序将覆盖当前存储在计算机上的电路程序。

▶▶ 计算机端的程序读取

在此尝试进行顺序控制器中梯形图电路的读取。计算机端的程序读取，可以通过菜单中的选项【在线】➡【PC 读取】来进行。此时，需要先对计算机进行设置，使其能够与顺序控制器进行通信。

就像计算机端的程序写入操作一样，首先需要设定将要读取的内容，然后再进行读取操作，读取操作完成后就可以进行正常的编辑操作了。此外，与写入操作不同，读取不需要顺序控制器处于 STOP 状态。换言之，无须停止设备的运行。

需要说明的是，在进行计算机端的程序读取时，无须进行"GX Works2"启动时的新项目创建即可进行程序和数据的读取。例如，可以在启动"GX Works2"后立即进行【在线】➡【PC 读取】这样的操作。虽然"GX Works2"通常均需要进行 PLC 系列的设置，但是在读取操作完成后会自动进行 PLC 类型的设置。

▶▶ 注释的读取

第一次进行计算机端的程序读取时，需要尝试读取包括注释信息在内的全部内容。如果注释信息保存在顺序控制器中，则可以与程序和参数一起同时进行读取。如果计算机中已经有注释数据，那么就没有必要再进行读取了。

例如，经常会遇到这样的情况，亦即，"程序的注释数据已经保存在计算机中。但是顺序控制器中的数据与计算机中的梯形图不一致，而最新的梯形图却在顺序控制器中。"

在这种情况下，需要首先打开包含注释的项目。然后选择【在线】➡【PC 读取】，但不要读取注释信息。换言之，注释信息依然使用在计算机中存储的注释数据，只有梯形图被更新到最新的状态。

计算机（PC）端的程序读取

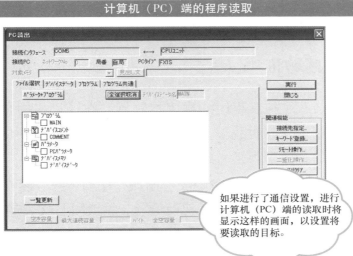

如果进行了通信设置，进行计算机（PC）端的读取时将显示这样的画面，以设置将要读取的目标。

计算机（PC）端的程序读取示意

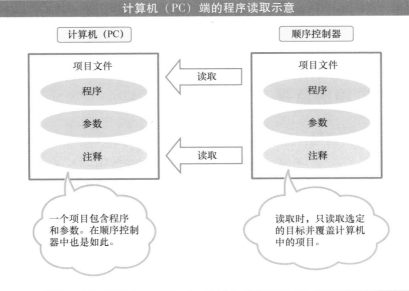

一个项目包含程序和参数。在顺序控制器中也是如此。

读取时，只读取选定的目标并覆盖计算机中的项目。

梯形图电路的上传②

通过计算机端顺序控制器中的程序读取，还可以检查计算机中存储的控制程序是否与顺序控制器中的程序一致。除此之外，还可以监视顺序控制器中当前程序的动作情况。

▶▶ PLC 程序验证

对于一个装载了控制程序的顺序控制器，在计算机中也许存储有该控制程序的副本。同时我们可能也想了解顺序控制器中的程序与存储在计算机中的程序是否是一致的。

例如，在有多人进行同一台顺序控制器程序的编辑、修改和调试时，顺序控制器中的程序可能会被他人进行读取、编辑和下载等操作。在这种情况下，顺序控制器中的程序可能和自己计算机上保存的程序不一致。

通过计算机端进行的顺序控制器中的程序读取可以轻松检查顺序控制器中的程序与计算机存储的程序是否一致。连接计算机和顺序控制器，单击【在线】➡【PC 验证】。然后，勾选将要验证的项目并单击【执行】按钮，进行验证的执行。验证可以在设备运行时毫无问题地执行，而无须停止设备的运行。

▶▶ 控制电路的监视

通过计算机端进行的顺序控制器中的程序读取，还可以借助计算机端的监视器监视顺序控制器中的程序是如何动作的。在下载一个新的控制程序后，务必要在监视器上进行程序运行状况的监视，以确保程序动作的正常。

要查看顺序控制器程序运行监视器，需要按下菜单栏上的监视器模式按钮或按【F3】功能键。在监视模式下不能进行控制电路的编辑，但会显示当前触点的动作状态。监视模式下的操作与读取模式相同。

需要注意的是，即使 PLC 程序验证的结果是计算机中的程序与顺序控制器中的程序不一致，也可以进行控制程序运行状态的监视。监视器只是在计算机的屏幕上显示顺序控制器中的触点和线圈的状态。如果触点在动作而线圈不动作，则说明顺序控制器中的程序可能没有这个线圈。

监视模式下的显示示例

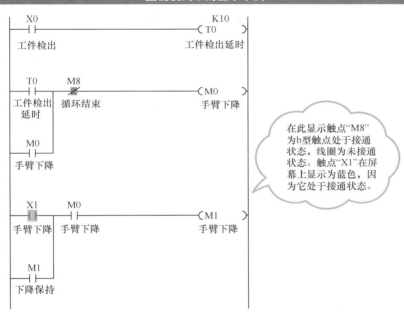

在验证不一致的情况下可以看到的现象

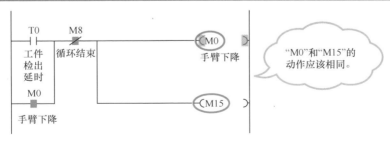

第 6 章

115

第 6 章　顺序控制电路的绘制

顺序控制器和计算机的连接方法①

为了使用"GX Works2",需要将顺序控制器连接到计算机。基本上,大多数情况下都可以使用默认设置进行的通信即可以实现这种连接,但这也取决于计算机的环境,因此需要确认实现连接的方法。

▶▶ 通过 RS-232C 或 RS-422 进行的连接

在进行这样的连接之前,首先需要检查每个顺序控制器的通信方式。在此前较早的时期,顺序控制器通常使用 RS-422 端口实现与计算机端的连接。由于许多计算机不支持这种连接端口,因此通常需要使用一条端口转换电缆。即使是在很久之前,这样的端口转换电缆就开始盛行了。因此,如果正在从事与顺序控制器相关的工作,那么最好拥有一条这样的端口转换电缆。

▶▶ 通过 USB 连接

当今的大多数顺序控制器都是支持 USB 连接的。如果计算机上安装了 GX Works2 软件,那么相应的驱动程序也会一起被安装。但是,如果只安装 GX Developer,则需要单独安装进行 USB 连接的驱动程序。

首先,使用 USB 数据线将顺序控制器连接到计算机,计算机屏幕的右下角会出现"新设备……"这样的消息。接着显示驱动程序安装画面。在安装"GX Developer"时,驱动程序位于以下文件夹中。

¥MELSEC ¥Easysocket ¥USBDrivers

该文件夹位于"GX Developer"安装文件夹下,默认情况下是位于 C 盘的。

出现安装画面时,选择"从列表或特定位置安装",单击【下一步】按钮，然后指定上述文件夹。如果不这样做，将无法实现 USB 的连接。

　　此外，即使通过 USB 端口将顺序控制器连接到了计算机，但屏幕右下角也可能不会出现任何内容，此时将不显示安装画面。

　　计算机可能会将顺序控制器识别为"未知设备"。在这种情况下，请尝试从设备管理器中删除"未知设备"，再重新进行连接。

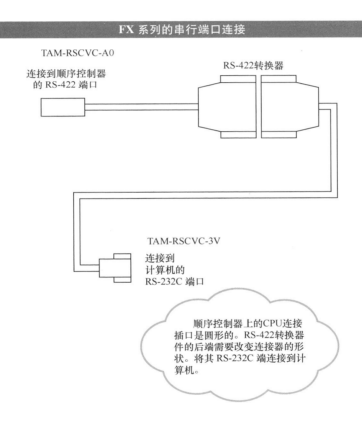

FX 系列的串行端口连接

TAM-RSCVC-A0

连接到顺序控制器
的 RS-422 端口

RS-422转换器

TAM-RSCVC-3V

连接到
计算机的
RS-232C 端口

顺序控制器上的CPU连接插口是圆形的。RS-422转换器件的后端需要改变连接器的形状。将其 RS-232C 端连接到计算机。

只能使用TAM-RSCVC-3V
电缆连接。

转换为 RS-422

连接到计算机
的 RS-232C 端口

TAM-RSCVC-3V

连接到顺序控制器的
RS-422 端口

若要查看设备管理器，
可右键单击开始按钮并从菜
单中选择设备管理器（适用
于 Windows 10）。

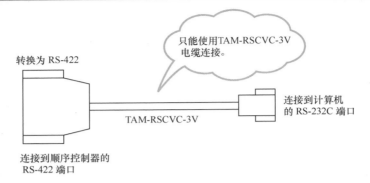

▷ ◼ プロセッサ
▷ ◼ ポータブル デバイス
▲ ◰ ポート (COM と LPT)
 ◰ USB Serial Port (COM3)
 ◰ 通信ポート (COM1)
▷ ◰ マウスとそのほかのポインティング デバイス
▷ ◼ モニター
▷ ◰ ユニバーサル シリアル バス コントローラー

笔者使用的连接电缆
制造商：TAM
  连接 FX 系列需要以下电缆。
型式：TAM-RSCVC-3V
型号：TAM-RSCVC-A0

极简图解顺序控制原理和基本电路（原书第 2 版）

顺序控制器和计算机的连接方法②

现代大多数计算机没有配备串行端口。因此，如有必要，需要添加一个串行端口，例如 USB 串行端口等。

▶▶ 串行端口的添加

在此以 SRC06USB（缓冲器）转换线为例，介绍如何进行其驱动程序的安装以及如何进行转换线使用。根据 Windows 版本的不同，对于有些 Windows 版本来说，在 Windows 操作系统安装的时候安装了该转换线所需的驱动程序。如果已经安装了驱动程序，并且驱动程序是可用的，则不需要进行以下操作。

首先，将 SRC06USB 转换线附带的 CD 装入计算机的光盘驱动器，然后将 SRC06USB 转换线连接到计算机的 USB 端口，稍等片刻，就会出现驱动程序的安装画面。

此时，选择从 CD 进行驱动程序的安装。完成后会再次出现相同的画面，并执行两次相同的操作。如果中途取消，就会出现安装失败。在这种情况下，需要将其从设备管理器中删除，再重新安装。

安装成功完成后，需要从 Windows 设备管理器中查看所连接的 SRC06USB 被分配到哪个 COM 端口。

需要注意的是，除了需要将 SRC06USB 转换线连接到计算机的 USB 端口外，在"GX Works2"和"GX Developer"（软件）中还需要将通信端口设置为 RS-232C。

通过将 SRC06USB 连接到计算机，并在计算机端创建一个 RS-232C 端口。因此，从软件方面看，连接到了个人计算机的 RS-232C 端口。

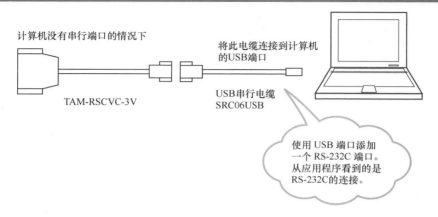

RS-232C 端口的添加

计算机没有串行端口的情况下

将此电缆连接到计算机的USB端口

TAM-RSCVC-3V

USB串行电缆
SRC06USB

使用 USB 端口添加一个 RS-232C 端口。从应用程序看到的是 RS-232C 的连接。

▶▶ 从 GOT（触摸屏）连接

在此介绍如何实现 GOT（触摸屏）与顺序控制器的连接和通信，这需要通过连接电缆将 GOT 连接到顺序控制器，并通过 GOT 实现顺序控制器的访问。大多数情况下，GOT 都安装在控制设备的表面。因此，如果可以从 GOT 进行顺序控制器程序的更改，那将非常方便。

对于 GX Works2，只需在"顺序控制器 I/F"设置中选择"GOT"即可。在这里，将介绍使用 GX Developer 的情况。

通过 GOT 方式实现计算机和顺序控制器的连接，并在"GX Developer"中进行连接目标的设置。在"计算机侧 I/F"中，选择 GOT 方式的计算机连接，选择"串行 USB"连接。然后双击"计算机侧 I/F"中的"CPU 单元"，按照下一页下图所示的设置进行连接。

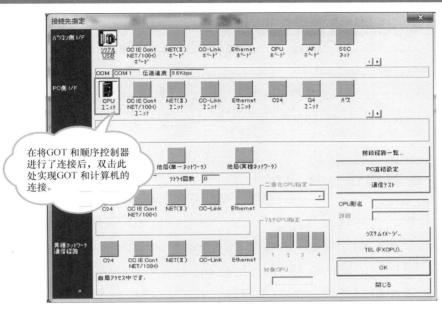

在将GOT 和顺序控制器进行了连接后，双击此处实现GOT 和计算机的连接。

选择 GOT 和顺序控制器之间的连接方式。如果不确定的话，可以选择一个并尝试合适的通信测试。

在某些情况下，无法在此选择连接的目的地，这可能是处于监视模式的情况。对于 Q 系列等具有多个程序类型的情况，如果其中一个程序处于监视模式下，则无法进行连接目的地的选择。这需要从"窗口"菜单中进行查看。

简单电路的制作①

至此，已经对"GX Developer"的基本使用方法进行了简单介绍，接下来让我们来进行一个简单控制电路的制作。这里所称的控制电路就是一个通过梯形图表示的继电器控制电路。

▶▶ 基本动作（前半部分）

首先，在此设置有一个气缸，气缸连杆的顶端有一个传感器。气缸的前端和后端的端部也分别设置有位置传感器。有一个用于操作的按钮，可以使气缸向前移动，以查看前方是否有物体存在。

按下按钮时，气缸会向前移动。气缸位置传感器进行气缸前进的确认。气缸前进时"X2"接通。

气缸前进，经过一定时间后，气缸会后退。如果在气缸前面有一个物体，气缸连杆顶端的传感器"X3"会做出反应。在此的动作设置是，无论"X3"是否有反应，气缸前进经过一定的时间后都会以预定的方式向后移动。

▶▶ 基本动作（后半部分）

气缸向后移动，退回到气缸圆筒的末端位置（圆筒末端的传感器有反应）。此时，如果在向前移动过程中检测到有物体的存在，则在气缸缩回到位后，指示灯会点亮1s。如果在向前移动过程中什么都没有发生，指示灯则不会点亮。到此为止的操作即为一个操作周期。如果再次按下按钮，就会重复这个操作。但是，如果按钮按下时一直处于被按下的状态，则不会第二次进行这个动作的执行。这意味着，如果一直按着按钮，相同的动作就不会重复多次。

在此，较为关键的一点是，在气缸向前移动的过程中，无论是否检测到物体的存在，气缸随后都应向后移动，以完成此次的循环操作。因此，气缸连杆顶端的传感器不能用于气缸回退的条件。

现在我们来进行电路的制作。首先，需要进行硬件线路的连接。硬件线路的连接是将传感器等连接到 PLC 的过程。该部分的内容在此没有给出具体介绍，但在与 PLC 的接线方法中⊖有详细的解释。

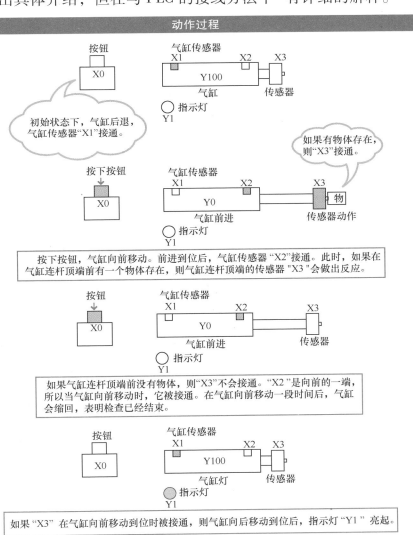

⊖ 详见 6-5 节的内容。

简单电路的制作②

首先，启动"GX Works2"并创建一个新项目，选择将要连接的顺序控制器系列和型号。在这个例子中，假设将要连接 FX 系列的顺序控制器。

▶▶ 输入信号的 PLS 化①

本节介绍按下按钮到气缸向前移动，然后再向后移动这一动作周期的操作。首先当按钮"X0"被按下时，它被设置为"PLS M0"。这个 PLS 指的是脉冲型的线圈，"M0"只在"X0"上升沿的第一次扫描时接通一次。简单地说，即为在"X0"被按下的一瞬间，"M0"只进行短暂的接通。

在此，之所以对按钮信号进行脉冲型的处理，是为了防止在连续按下按钮的情况下重复动作的产生。这一措施的实施，相当于为按钮操作设置了一个操作条件。如果一直按住按钮"X0"，"M0"也只会接通片刻，所以必须松开"X0"，按钮操作才能完成，并为下一次的按压创造条件。

脉冲型线圈的输入方法是，先按【F8】键并输入"PLS"。然后按空格键，输入"M0"并按【Enter】键完成操作。

顺便说一下，如果把线圈"PLS M0"设置为普通的线圈"M0"，电路的工作方式也是一样的，只是如果一直按住按钮，电路将连续工作。因此，在循环结束之前必须释放按钮。

▶▶ 输入信号的 PLS 化②

在梯形图中，用 [ ] 括起来的部分，如 [PLS M0]，是一个应用指令。在这种情况下，指令 PLS 被执行在"M0"上。（ ）括号内的部分，如（M0），则为一个线圈。两者需要加以区分。

在如下一页的图所示的梯形图电路中，由于"M0"只是瞬间接通，所以"M1"需要用触点进行自锁。对于回路中的触点"M4"和"T2"，暂时不用考虑它们的动作情况。在此，使用"M1"的线圈使气缸向前移动。因此，在创建电路时，可以想象为当"M1"接通时，气缸就会向前移动。

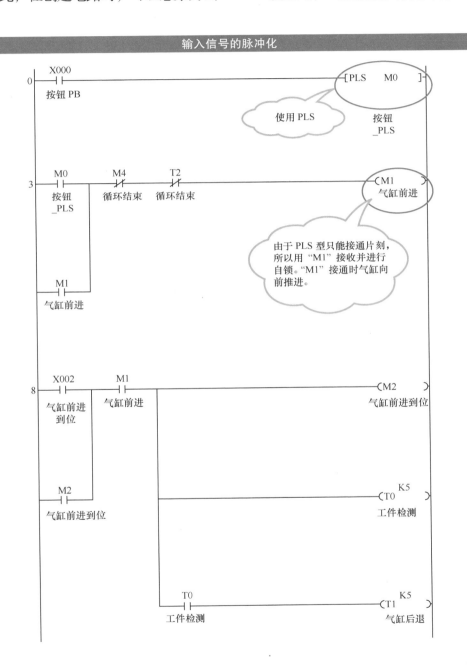

输入信号的脉冲化

0 X000 按钮 PB —[PLS M0]

使用 PLS

按钮_PLS

3 M0 按钮_PLS — M4 循环结束 — T2 循环结束 — (M1) 气缸前进

M1 气缸前进

由于 PLS 型只能接通片刻，所以用"M1"接收并进行自锁。"M1"接通时气缸向前推进。

8 X002 气缸前进到位 — M1 气缸前进 — (M2) 气缸前进到位

M2 气缸前进到位

K5 (T0) 工件检测

T0 工件检测 K5 (T1) 气缸后退

第 6 章

按下！

按下按钮

对于普通线圈（M0）

对于脉冲型线圈[PLS M0]

在按钮按下的时候会一直处于接通状态。

只在按下的一瞬间接通一次。

一瞬间实际上是指程序的一次扫描时间，为程序所能识别的最小时间单位。

时序图

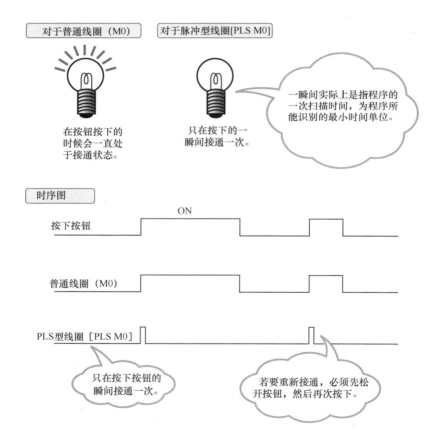

ON

按下按钮

普通线圈（M0）

PLS型线圈 [PLS M0]

只在按下按钮的瞬间接通一次。

若要重新接通，必须先松开按钮，然后再次按下。

简单电路的制作③

本节介绍从气缸前进到后退的控制以及气缸连杆顶端的工件检测。

▶▶ 气缸指示灯的动作

当触点"M1"接通后，气缸即开始向前移动，一直到气缸传感器触点"X2"接通。接下来，看看"X2"接通后电路的动作情况。

当触点"X2"接通时，线圈"M2"接通，并通过触点"M2"进行自锁。线圈"M2"的接通意味着气缸的前向运动已经完成。如下页的图所示，触点"M1"插入意味着，只有在触点"M1"接通的情况下，线圈"M2"才能接通。也就是说，只有在发出气缸前进指令并有触点"X2"接通时，气缸前进才算完成。如果不这样做，则会在其他某种条件下的"X2"接通时，线圈"M2"也会接通并保持，从而出现线圈"M2"在循环中途接通的意外情况。

在梯形图中，条件基本上是按照从上到下的顺序设置的，这样的控制也被称为步进控制。

当线圈"M2"接通时，定时器"T0"也同时接通。由于T0为定时器，所以将以延迟方式进行触点的动作。电路图中标有"T0 K5"的部分即为定时器的线圈。

气缸活塞向前移动，在活塞连杆的顶端设置有工件检测传感器。气缸活塞前进到位0.5s后，电路进行工件检测。在此所说的工件指的是待检测的对象。在"T0"的触点接通时进行工件检测，并在0.5s后气缸开始回退。由此可以看出，即使没有检测到工件，气缸也会向后移动。定时器"T0"的触点被用于工件的检测。

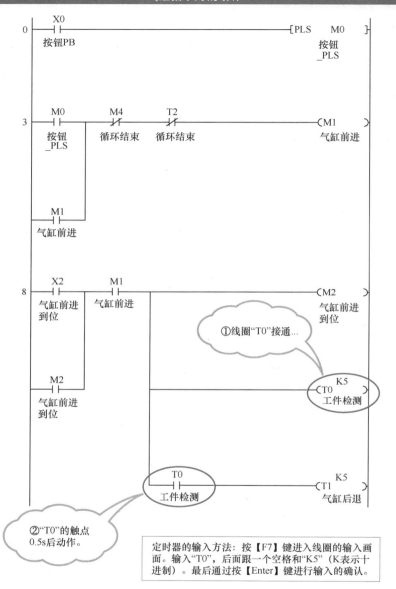

定时器的输入方法：按【F7】键进入线圈的输入画面。输入"T0"，后面跟一个空格和"K5"（K表示十进制）。最后通过按【Enter】键进行输入的确认。

当气缸活塞连杆顶端的传感器触点"X3"接通时，线圈"M10"接通，并进行自锁。在此，插入了一个"T0"的 a 型触点，如果没有该触点，则传感器即使没有处在工件检测的时间，电路也会将传感器触点的反应保持在线圈"M10"中。

在 6-22 节的电路中，通过定时器"T1"触点的接通使气缸后退。在"T1"的触点接通，气缸后退的过程中，气缸传感器触点"X1"接通时，线圈"M3"接通，以确认气缸后退到位。

工件检测

由于"T1"b型触点的插入，当"T1"接通时，也就是气缸开始后退时，不再进行工件的检测。由于气缸后退过程中，工件检测传感器触点的动作也会随之发生改变，因此需要对"M10"进行自锁。

工件检测定时器

19	X3 工件检测	T1 气缸后退	T0 工件检测	(M10) 工件检测保持
	M10 工件检测保持			

工件检测记忆

24	X1 气缸后退到位	T1 气缸后退		(M3) 气缸后退到位
	M3 气缸后退到位			

如果改变触点的位置，则电路的动作也会有所变化，因此要谨慎进行改变。例如，如果将"T1"的b型触点移到触点"T0"的右侧，则当工件被检测到时，气缸在后退开始的瞬间，自锁即会取消。

当触点"X1"接通时，通过触点"M3"进行线圈的自锁。

简单电路的制作④

至此，电路的操作已经完成。电路的最后操作是在气缸后退完成之后所需要进行的工作。

▶▶ 动作判断

当气缸后退完成时，线圈"M3"接通。此时，如果检测到一个工件，则触点"M10"接通。如果没有检测到工件，触点"M10"则处于断开状态，因此"M10"的b型触点侧的电路起作用，线圈"M4"接通。

线圈"M4"接通，其触点则会在电路的开始部分切断线圈"M1"（气缸前进）的自锁。也就是说，如果"M4"接通，则线圈"M1"就会断开。"M1"断开后，紧接着定时器"T0"和线圈"M2"、定时器"T1"断开。此外，线圈"M3"也断开，电路动作部分的自锁全部断开，电路返回到初始的状态，一次循环完成。

另一方面，如果检测到一个工件，触点"M10"接通时，则触点"M10"a型触点侧的电路工作。此时，线圈"M5"接通，"M5"的触点会点亮指示灯。1s后，定时器"T2"的触点动作。该"T2"触点也为循环停止信号。触点"T2"接通时，电路中所有的自锁功能取消。因此，指示灯也会熄灭。如此，电路就实现了指示灯点亮1s的功能。

▶▶ 电路的输出

最后是电路的输出部分。如果没有输出部分，气缸将无法工作。只有在电路正确输出的情况下，气缸的动作才能正常进行。

首先，当"M1"被接通时，气缸向前移动。由于"T1"是用于气缸后退的，因此"M1"触点的后面插入了一个定时器"T1"的b型触点。总之，气缸在"M1"处向前移动，但当"T1"被接通时，

"Y0"停止输出，气缸向后移动。

　这里的气缸是由一个电磁铁操作的，所以当电磁铁控制信号输出停止时，气缸将自行返回到原来的位置。

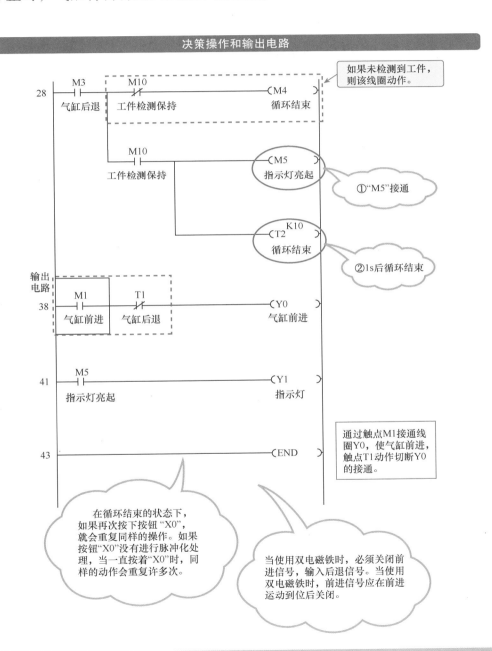

决策操作和输出电路

如果未检测到工件，
则该线圈动作。

28　　M3　　　M10　　　　　　　　　　　　　　　　（M4　）
　　气缸后退　工件检测保持　　　　　　　　　　　循环结束

　　　　　　　M10　　　　　　　　　（M5　）
　　　　　工件检测保持　　　　　　指示灯亮起

①"M5"接通

　　　　　　　　　　　　　　　　　　　　K10
　　　　　　　　　　　　　　　　　（T2　）
　　　　　　　　　　　　　　　　　循环结束

②1s后循环结束

输出
电路
38　　M1　　　T1　　　　　　　　　　　　　（Y0　）
　　气缸前进　气缸后退　　　　　　　　　　气缸前进

41　　M5　　　　　　　　　　　　　　　　（Y1　）
　　指示灯亮起　　　　　　　　　　　　　　指示灯

通过触点M1接通线
圈Y0，使气缸前进，
触点T1动作切断Y0
的接通。

43　　　　　　　　　　　　　　　　　　（END　）

在循环结束的状态下，
如果再次按下按钮"X0"，
就会重复同样的操作。如果
按钮"X0"没有进行脉冲化处
理，当一直按着"X0"时，同
样的动作会重复许多次。

当使用双电磁铁时，必须关闭前
进信号，输入后退信号。当使用
双电磁铁时，前进信号应在前进
运动到位后关闭。

最后，是指示灯的控制输出。当检测到工件时，线圈"M5"被接通 1s，因此只需按原样输出到线圈"Y1"即可，并没有特别的电路来对其进行关断。在"M5"接通后 1s，整个电路被重置，所以触点"M5"也会断开。

▶▶ 制作简单的电路的最后

这里创建的电路是一个非常简单的电路，这个电路的步数（梯形图左边的数字）不到 50 步。但在实际应用的梯形图电路中，所需的步数将是 1000~5000 步，如果包括有复杂的操作，则约为 10000 步。一旦熟练了，就可以顺利地进行这种电路的创建，但熟练需要一些时间。

根据电路的创建方式，快捷键的应用是学习和工作的一个好方法。如果每次输入触点时都需要通过鼠标进行，工作就不能顺利进行，这需要一点一点地进行熟悉。

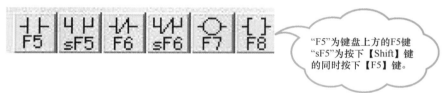

"F5"为键盘上方的 F5 键
"sF5"为按下【Shift】键的同时按下【F5】键。

关于设备

本节介绍顺序控制器中的设备。在本节关于设备介绍的内容里，可能会看到一些相关技术术语，但也不必对其进行深究，因为在进行本书的阅读时，之前的内容中已经在使用这些术语了。

▶▶ 关于设备

首先，简单介绍一下设备的定义。设备是一个由"M0""X0"等构成的集合，集合中的元素是用于梯形图电路创建的元件，也就是在之前的梯形图电路中用到的线圈和触点等。在顺序控制器中，将这个集合统称为设备，其中的"M0""X0"等则被称为元件。

需要注意的是，设备可以大致分为"位设备"和"字设备"。接下来分别对其进行简要介绍。

▶▶ 位设备

所谓位设备，就是在创建梯形图电路时用到过的"M0""X0""Y0"等元件。顾名思义，一个位设备只有"1"和"0"两个状态，更简单地说，就是只有"ON"和"OFF"两个状态。如线圈"M0"只能进行 ON 或 OFF 操作，不存在其他的中间状态。

▶▶ 字设备

字设备是一种可以进行数值处理的设备，是一种具有多个二进制位的设备。一个二进制位只能表示"ON"和"OFF"两个状态。一个字设备由16 个这样的二进制位组成，因此，一个单字设备也被称为"16 位"设备。

定时器的操作在之前的梯形图电路中已经进行过介绍，定时器就是一种字设备。就定时器而言，其计数部分就是一个数值，定时器内也具有相应的数据寄存器，可以直接进行数值的处理。

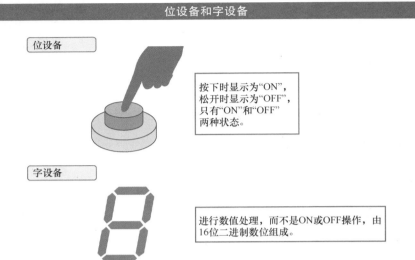

位设备和字设备

位设备

按下时显示为"ON"，
松开时显示为"OFF"，
只有"ON"和"OFF"
两种状态。

字设备

进行数值处理，而不是ON或OFF操作，由
16位二进制数位组成。

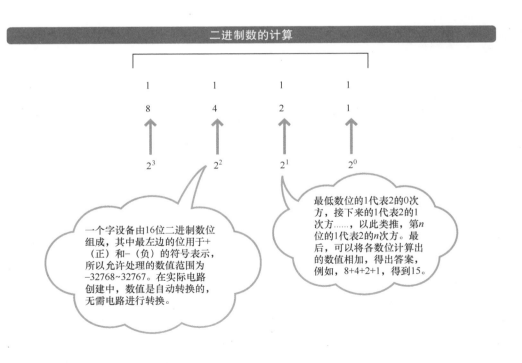

二进制数的计算

1	1	1	1
8	4	2	1
2^3	2^2	2^1	2^0

一个字设备由16位二进制数位
组成，其中最左边的位用于+
（正）和−（负）的符号表示，
所以允许处理的数值范围为
−32768~32767。在实际电路
创建中，数值是自动转换的，
无需电路进行转换。

最低数位的1代表2的0次
方，接下来的1代表2的1
次方……，以此类推，第n
位的1代表2的n次方。最
后，可以将各数位计算出
的数值相加，得出答案，
例如，8+4+2+1，得到15。

极简图解顺序控制原理和基本电路（原书第2版）

定时器和计数器

与内部继电器"M"不同，定时器和计数器均需要设定一个数值，它们的操作与该设定数值有关，设定数值决定了输出触点的动作时间。对于输出触点来说，其动作要么是接通，要么是断开，这与内部继电器是一样的。

▶▶ 定时器

定时器可以延迟输出触点的操作时间。例如，如果定时器的定时时间被设置为 2s，则其输出触点将在 2s 后动作。在此，这个 2s 的定时是从定时器电源接通开始计时的，定时器电源接通 2s 后，定时器的线圈才接通。

如下一页的图所示，当使用定时器"T0"，将定时器的数值设置为 100 时，看看定时器的工作是如何进行的。首先，当定时器"T0"的电源接通，其输出触点将在定时器电源接通 10s 后接通。此后，如果定时器电源持续接通，则定时器的输出触点保持动作状态不变。如果定时器电源断开，则定时器的输出触点立即断开。

接下来，将定时器"T0"的电源接通，5s 后再将其断开。此时，定时器的输出触点没有动作发生。从定时器的电源接通开始，到当前的电源断开为止，一直在进行计算的定时器的定时值也被重置。如果要使定时器的输出触点接通，则必须再次接通"T0"，并连续保持至少 10s 的时间。

第 6 章

根据顺序控制器的不同，定时器也有不同的种类。一般来说，有以下类型的定时器可供选择。
100ms类型：定时设定值的单位为100ms，当设定为K1时，定时时间为0.1s。
10ms类型：可以进行更精细的时间设定。当设定为K1时，定时时间为0.01s。
时间累计类型：当定时器电源断开时，定时计数值不被重置。

在 FX1N 顺序控制器中，定时设定值的单位为 10ms，定时器的编号从"T200"到"T245"。具体的设定情况取决于顺序控制器的型号，有些型号还可以进行自由设置。

▶▶ 计数器

　　计数器与定时器略有不同，但可以用同样的方式创建一个计数器线圈，计算计数器线圈接通电源的次数。当计数器的计数值达到设定的次数时，计数器的输出触点接通。

　　计数器的符号以"C"开头，可以写成"C0""C3"等。在梯形图电路中，计数器的输入方法与定时器相同。以下以一个"C0 K3"的计数器为例，介绍计数器的操作。

　　当计数器"C0"的线圈接通电源时，计数器就会进行一次计数。此时，如果计数器线圈的电源一直接通，则其计数不会增加，只有在计数器线圈的电源从 OFF➡ON 的瞬间，计数器才进行一次计数。当计数器的计数值达到设定的次数时，计数器的输出触点就会动作。然而，与定时器不同的是，计数器的计数值需要进行重置操作。

在"X1"从 OFF➡ON 的瞬间，计数器"C0"的计数值加 1。如果开关"X1"被操作 3 次，计数器"C0"的输出触点就会接通，变成 ON。在计数器"C0"的触点动作之后，即使开关"X1"再次被操作，计数器"C0"的计数值也不会增加。由于计数器"C0"的输出触点动作后一直会保持动作的状态，一直处于 ON 的状态，因此需要复位操作。

复位可以通过"RST"指令完成。正在运行的定时器或正在计数的计数器也可以被重置。

数据寄存器①

数据寄存器是一个可以处理数字数据的字设备。它不像位设备那样能够进行 ON 或 OFF 操作，但可以存储数字数据。

▶▶ 数据寄存器

数据寄存器被标记为"D0""D3"等形式。数据寄存器"D0""D3"可以用来存储数值，在实际使用时，会结合具体情况进行应用介绍。

例如，一条"MOV K10 D0"这样的指令，表示将十进制的数字10写到数据寄存器"D0"。在此，写入的是一个通常的数字，其数值为10，K10表示的是十进制的数值10，如果是H10，则表示十六进制的数值10。通常情况下，使用的是字母"K"。

如此写有数字10的数据寄存器"D0"有什么用途呢？数据寄存器的用途有很多种，例如，可以将其用于定时器的时间设定。在这种情况下，使用（T10 D0），设定的是一个1s的定时器。

创建一个如下页图所示的电路。如果输入了"X10"或"X11"，则用"M100"进行自锁。然后有一个"T10"来释放自锁。这个"T10"的时间被改变了。换句话说，用"X10"打开"M100"和用"X11"打开"M100"会改变时间，直到它关闭。

▶▶ 双字

数据寄存器可以处理数值，但处理数值的范围是有限制的。由16位二进制数位组成的数据寄存器，只能处理-32768~32767这一范围内的数据。通过16位二进制数位 ON 或 OFF 的不同组合，将数据寄存器识别为相应的数值。其中，最左边的二进制数位用来表示数值的正或负。

然而，有时可能需要使用一个超出上述处理范围的数值。在这种情况下，需要使用双字。双字是作为一个 32 位的数据寄存器使用的。在使用双字时，可以处理-2147483648~2147483647 之间的数值。

　　双字数据寄存器的使用方法也很简单，像如下所示的那样，只要在指令前加上"D"即可。

> DMOV K100 D0

　　这样就可以使用"D0"和"D1"两个数据寄存器了。

数据寄存器的使用方法

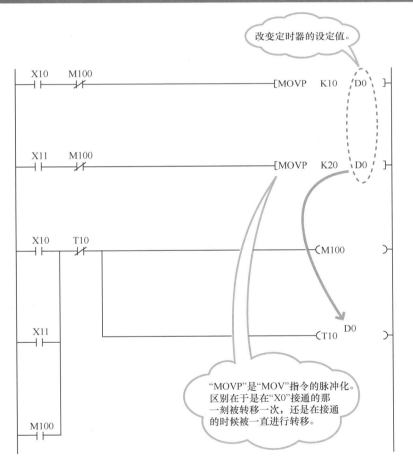

DMOV K100 D0

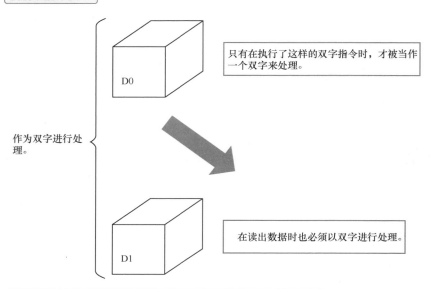

只有在执行了这样的双字指令时，才被当作一个双字来处理。

作为双字进行处理。

D0

D1

在读出数据时也必须以双字进行处理。

　　对于双字，只有执行了双字指令时才成为双字。在双字指令执行之前，"D0" 和设备 "D1" 没有被合并。如果指定为双字，数据寄存器此后必须作为一个双字使用。

　　如果指定了一个双字，而且处理的数值范围是 0～32767，改回单字处理是没有问题的。自行转换时，由于符号位置会发生变化，所以可能会出现一个负值变成一个正值的情况。另外，有一条指令是将双字转换为单字。

数据寄存器②

　　本节简单介绍一下使用数据寄存器的情况下进行的数值比较，并将比较的结果通过输出触点进行输出。在此，简要介绍了其使用方法以及需要注意的事项。

▶▶ 接点输出

　　数值比较是通过比较指令进行的。这种类型的指令在较早的老式顺序控制器上是没有的。由于比较指令的应用非常便于梯形图电路的制作，因此应该加以使用。在如下一页的图所示的电路中（触点输出），如果数据寄存器"D0"的值大于或等于5，则线圈"M100"就会接通。如果数据寄存器"D0"的值小于10，则线圈"M101"就会接通。该电路还可以对数据寄存器"D0""D1"的内容进行比较。

　　在梯形图最上端的触点"M8000"是一个特殊的触点，当顺序控制器处于RUN状态（FX系列顺序控制器）时，它总是处于ON的状态，因此没有特别标注的必要。另外，像如图所示的那样，可以将相同条件执行的动作汇总在一起。

▶▶ 关于创建电路的说明

　　本节第2幅图所示的电路是一个普通电路。它不以任何方式运作，而是为了说明问题而创建的。其中，触点"M8013"是一个以1s的周期进行接通和断开操作的触点。随后的"INCP"是一条执行加1操作的指令。"INCP"中最后的那个"P"表示这是一条脉冲型的指令。也就是说，触点"M8013"每接通一次，数据寄存器"D10"的值就会加1。

　　当数据寄存器"D10"的值达到100时，下一步是执行"MOV K0

D10"的操作,这意味着一个 0 的值被写入数据寄存器"D10"。也就是说,当"D10"的值达到 100 时,数据寄存器"D10"的值被设回到 0,并再次开始计数。

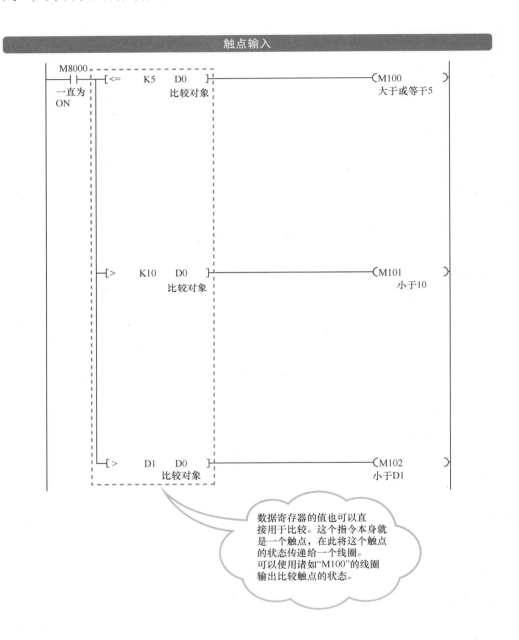

数据寄存器的值也可以直接用于比较。这个指令本身就是一个触点,在此将这个触点的状态传递给一个线圈。可以使用诸如"M100"的线圈输出比较触点的状态。

极简图解顺序控制原理和基本电路(原书第 2 版)

需要注意的是，在此所用的执行条件是数据寄存器"D10"的值大于或等于 100，尽管操作应该在"D10"的值达到 100 时执行。对于如图所示这种小规模的电路来说，一般不会出问题，但对于一个大规模的电路，很可能由于其他因素或错误的发生，使得数据寄存器"D10"的值突然超过 100。此时，如果仅使用"100 = D10"的条件，则数据寄存器"D10"的值将永远得不到恢复。这就是为什么要使用大于或等于 100 这样的条件。

在一个程序中，总会有一些错误和意外的发生，因此创建一个备用通道也很重要。

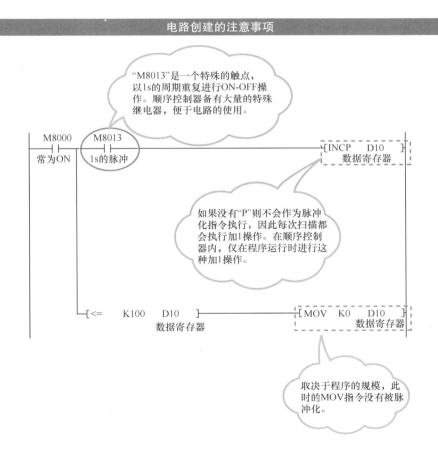

电路创建的注意事项

"M8013"是一个特殊的触点，以 1s 的周期重复进行 ON-OFF 操作。顺序控制器备有大量的特殊继电器，便于电路的使用。

M8000　常为ON　　M8013　1s的脉冲

[INCP　D10　数据寄存器

如果没有"P"则不会作为脉冲化指令执行，因此每次扫描都会执行加 1 操作。在顺序控制器内，仅在程序运行时进行这种加 1 操作。

[<=　K100　D10　数据寄存器

[MOV　K0　D10　数据寄存器

取决于程序的规模，此时的 MOV 指令没有被脉冲化。

143

第 6 章　顺序控制电路的绘制

第6章

6-27

BCD 输出

本节进行 BCD 输出的介绍。BCD[⊖]指的是一种以二进制编码表示的十进制数字，这意味着将二进制编码显示为十进制数值。当需要将数据寄存器中的一个数字的值输出到输出触点上时，需要使用到 BCD 输出。以下对此依次进行介绍。

▶▶ 二进制数据

二进制数字是以 2 为基值的数据，其每个数位上的数字只能是 0 或者 1。十进制数字是以 10 为基值的数据，其每个数位上的数字可以是 0 到 9 之间的任意 1 个。十进制数也是通常使用的数字形式。

现在，让我们想象一下，一个顺序控制器的输出。从线圈 "Y0" 到 "Y7" 的 8 个输出可以输出多少种不同的组合？

实际上，可以输出 256 种组合。

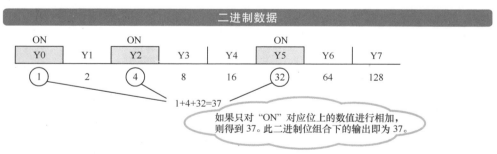

假设输出 "Y0"、"Y2" 和 "Y5" 都处于接通状态。如果按下图所示，将它们进行相加，总数为 37。如果完全没有输出，则总数为 "0"。如果全部输出，则总数为 "255"。因此输出是一个从 0～255 的范围，一共有 256 种不同的输出。这种输出被称为二进制输出。在此

⊖ BCD，Binary-Coded Decimal。

介绍了二进制数中位的基础知识，下一节将介绍"BCD 输出"。

▶▶ BCD 输出

采用 BCD 输出时，若要显示一位十进制数，则需要有 4 个输出触点。从 0~9 的数字可以通过"Y0"~"Y3"的 4 个输出触点进行输出。4 个输出触点可以输出 0~15 的数值，其中 0~9 用于一位十进制数字的显示，这就是 BCD 输出。

由此可见，如果通过 BCD 进行十进制数字"12"的输出，则需要相应增加输出触点的数量。因此，需要从"Y0"~"Y7"的 8 个输出触点来进行。需要记住的是，每个十进制数的位输出所需的输出触点（比特）数量是 4。BCD 输出的主要应用是输出到 7 段数码管显示器。最近，也经常被用于机器人气缸的控制。

进行 BCD 输出的梯形图，其绘制方法如下图（梯形图）所示。在此，数据寄存器"D10"的值被输出到"K2Y0"。这意味着从"Y0"开始进行两个十进制数位的输出，这样的输出方式使用了从"Y0"~"Y7"的 8 个输出触点。

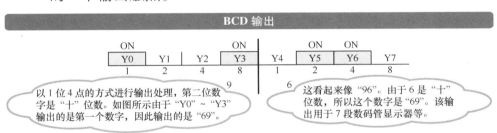

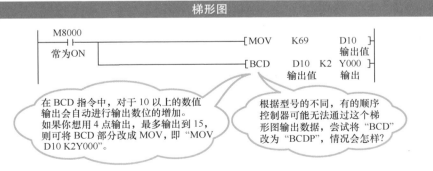

BIN 输入

BIN 输入被用来接收来自外部设备的 BCD 输出数据。虽然称其为 BIN 输入会觉得很奇怪，但其作用是从数字面板仪表和其他具有 BCD 输出的设备中接收输出信号，从而将信号输入到顺序控制器。因此，这种输入也被称为 BIN 转换。

▶▶ BIN 转换

数字面板仪表以 BCD 方式输出的是其显示的数字。实际的面板仪表大约有 5 位数的输出，但在这里将使用两位数的输出作为示例，并假设仪表显示的数字为 "63"，以此进行数值的输入。

从输入编号最小的输入触点开始，依次进行连接，接收到的数字就是从数字的最低位开始。这种接法也将作为一条基本规则。选择一个具有 BCD 输出的面板仪表，面板仪表的输出类型是可以选择的，所以购买时要确保选择正确的型号。在这样的输入方案下，梯形图电路的画法如下页的图所示。

使用下一页图中所示的程序，可以将显示的数值输入到数据寄存器 "D20" 中。要从一个通过 BCD 输出的设备上接收数据，需要使用 "BIN" 指令来进行。在这种情况下，"K2" 被使用，因为输入的数据是两位数的。

▶▶ 触点故障时的解决方法

最后，这种指令不仅可以用于 "X" 和 "Y" 等元件，还可以用于内部继电器，如线圈 "M" 等。为什么要费力将输入替换为线圈 "M" 呢？你可能会有这样的疑问，但如果学会了，则可以在许多方面来使用。

例如，假设在 "X0" ～ "X7" 输入端子上进行数字面板仪表 BCD 输出的接收。在这种情况下，如果顺序控制器一侧的输入端子 "X2"

出现了故障或者被损坏，情况会怎样？如果输入数值的位数又增加了一位，情况又会怎样呢？

这种情况下，输入端子"X"的连接就不是连续的了。但"BIN"和"BCD"指令中的比特指定是连续进行的，也就是说，这个时候如果像"K2X0"那样进行输入"X"的指定，输入的数值就不正常了。在这种情况下，只要换成线圈"M"进行重新排列，就可以顺利实现输入了。

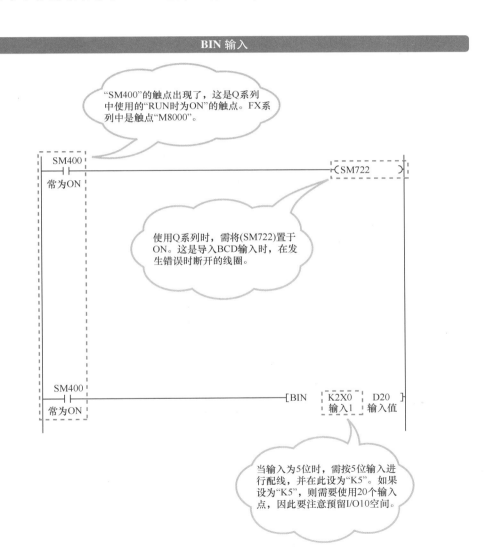

BIN 输入

"SM400"的触点出现了，这是Q系列中使用的"RUN时为ON"的触点。FX系列中是触点"M8000"。

SM400
常为ON

SM722

使用Q系列时，需将(SM722)置于ON。这是导入BCD输入时，在发生错误时断开的线圈。

SM400
常为ON

[BIN   K2X0   D20
       输入1   输入值

当输入为5位时，需按5位输入进行配线，并在此设为"K5"。如果设为"K5"，则需要使用20个输入点，因此要注意预留I/O10空间。

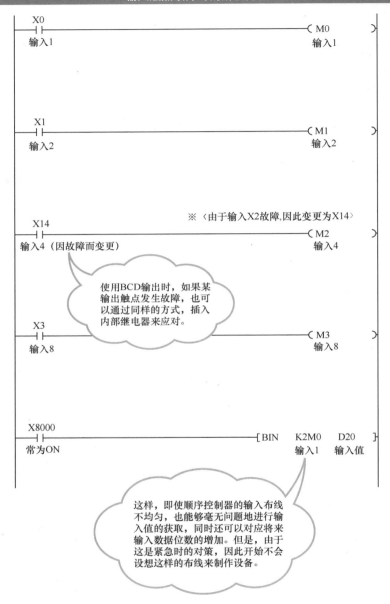

解码器和编码器

解码器将数据寄存器的值输出到位设备。在前面介绍的 BCD 输出过程中，也是将数据寄存器的值转换到内部继电器或输出触点上。但对于解码器和编码器，其输出方式略有不同。

▶▶ 解码器

首先，解码器也不一定是从一开始就需要积极使用的指令，在此，只需要记住，有这样的一种方法就可以了。

通过解码器实现数据寄存器值的输出，在此即为将数据寄存器"D0"的值转码成线圈"M0"的状态。当数据寄存器"D0"的值为 0 时，线圈"M0"处于 ON 的状态。当数据寄存器"D0"的值为 3 时，线圈"M3"处于 ON 的状态。因此，只有一个与数据寄存器的值对应的位被接通。

该指令的写法如下页的上图所示，但在指令的末尾必须指定一个数值，如"K3"。这个数值被称为有效位长，并规定了要使用的位的范围。例如，如果指定了"K3"，则输出触点数为 2^3 个，即为 8 个输出触点，因此需要使用 8 个输出触点。如果指定第一个输出触点为线圈"M0"，也就自动指定线圈"M0"～"M7"的 8 个输出触点。

由于数据寄存器的值可以直接输出，因此在选择输出等情况下，解码器的使用将会非常方便。解码器的缺点是，对于梯形图的初学者可能会感到困惑，因为没有线圈这样的触点，所以他们无法理解为什么触点会接通和断开。

▶▶ 编码器

编码器是解码器的逆操作，能够将处于 ON 状态触点所处的位数转换到数据寄存器中。如果转换的范围是从线圈"M0"～"M7"，则当线圈

"M5"为 ON 状态时,数值"5"将被装入数据寄存器中。如果同时有一个以上的线圈处于 ON 状态,则对应数值最大(较高位)的那个线圈有优先权。

作为预防措施,如果指定了"M0"~"M7"的范围,而实际使用的范围是"M0"~"M5",线圈"M6"和"M7"应始终处于断开状态。

编码器和解码器的这些功能可用于指令的解码和编码。即使不使用,也不会有什么障碍。

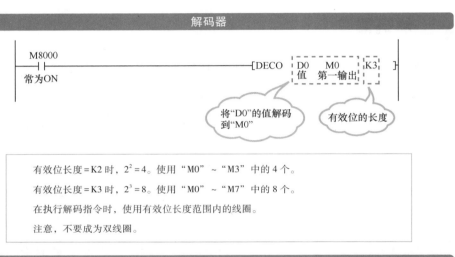

解码器

有效位长度 = K2 时,$2^2 = 4$。使用"M0"~"M3"中的 4 个。

有效位长度 = K3 时,$2^3 = 8$。使用"M0"~"M7"中的 8 个。

在执行解码指令时,使用有效位长度范围内的线圈。

注意,不要成为双线圈。

编码器

当执行[ENCO M0 D0 K2]时

M0	M1	M2	M3		D0
OFF	ON	OFF	OFF	→	1
OFF	OFF	OFF	ON	→	3
OFF	ON	OFF	ON	→	3

在多个比特为ON的情况下,有优先级高的比特位。

数据转移①

有些设备的加工由几个不同的加工工序组成，而不是只有一个工序。当一个工件被发送到下一个加工工序时，工件在之前进行加工的加工数据也必须同时被发送。下面介绍这种数据交换的概念。

▶▶ 设备配置

如下页的上图所示，具有多道加工工序的设备属于大中型设备的类别。需要说明的是，在此所进行的介绍是对数据处理方式的介绍，而不是对控制程序的介绍，所以没有必要想得太多。

在具有多道加工工序的设备加工中，在每个工作单元上进行的加工被称为一个工序，这个工作单元也被称为工作站。在这里，我们将首先导入一个名为"基座"的组件，并将"基座"的导入设置在第一个"基座插入"部分。当每个工序的操作完成后，基座上的设备及零件同时被转移到右侧。下面介绍这种转移所进行的操作，亦即所谓的转移方法。

▶▶ 转移方法

工件转移有各种不同的方法，其中，通过类似传送带这样的传送装置进行的工件转移，是最常用的转移方法之一。

在如下页图所示的转移方法中，当每个工作站的所有工作都完成后，就会提出工件转移。当传送装置升起时，传送"棘爪"会抓住工件。然后工件被移送到右边。此时所有的工件也都会向右移动，因为"棘爪"钩住了工件。如果转移完成时，传送装置直接返回，则另一侧的"棘爪"会夹住工件，工件也会随之返回，所以需要先下降"棘爪"，然后再进行传送装置的返回。如果传送装置安全返回，机器则进入到待机模式。这一连串的操作被称为一个循环操作，许多加工机器都使用这种类型的传送装置，这被称为转移系统。

在转移系统中，工件是同时移动的。如果在顺序控制器中设置了保存工件加工信息的数据，并同时进行加工数据的传输，那么在工件加工完成时就可以知道产品的加工信息，或许能够将残次品运送至残次品区。

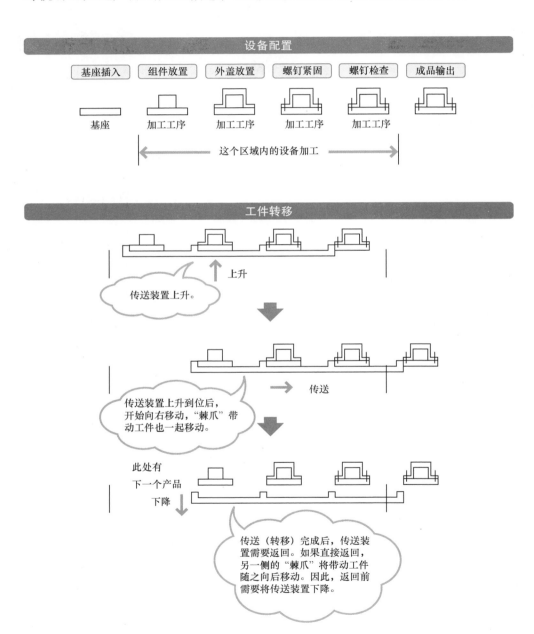

极简图解顺序控制原理和基本电路（原书第 2 版）

数据转移②

对于具有多个加工单元的设备，可以在顺序控制器中设置相应的工件加工信息，以便在进行工件输送的同时，在顺序控制器中同时进行工件加工信息的传输，这样就可以确定工件在每个加工单元的运行状态。

▶▶ 数据寄存器的组成

如果一个工件在某一个工位上的加工出现了问题，则不必在后续工位上继续对其进行加工。在这种情况下，工件会被作为 NG 产品被排除。但操作员必须知道 NG 发生在加工过程的哪个环节，只有在所有加工过程都没有出现任何问题的情况下，工件才应被视为良好的产品。

如下页的图所示（数据寄存器的分配），按照加工工序（工位）的数量，为每个加工工序分配 100 个数据寄存器，并像如图所示的那样进行各加工工序数据寄存器地址的分配。

这种数据寄存器地址的分配方法对每个加工工序都是一样的。例如，如果一个部件在第一个工位上的加工成功完成，则会将数值"1"写到数据寄存器"D101"。如果加工失败，就写入数值"2"。当产品向下一个加工工序传递时，同时也将从"D100"开始的 100 个数据寄存器的内容复制到"D200"开始的 100 个数据寄存器中。

下一个加工工序是外盖放置，但在开始之前需要检查在第一站上进行的加工是否成功完成。在这种情况下，可以通过数据寄存器"D201"的检查来进行。

如果在每个加工工序，均以这种方式写入加工信息，并将加工信息传递给下一个加工工序，则在最后一个加工工序上可以通过数据寄存器"D400"单元的检查，了解所有加工工序上的加工信息。最终，可以利用这些信息来确定产品是好是坏。

　　在下一页的梯形图中，指令〔BMOVP D300 D400 K100〕意味着将以"D300"开始的100个数据寄存器的内容复制到以"D400"开始的100个数据寄存器中。也就是说，从"D300"到"D399"的数据块被直接复制到"D400"至"D499"的数据块中。最后的"K100"是数据寄存器的数量。"BMOVP"末尾的"P"意味着它是一条以脉冲方式执行的指令。

　　梯形图中有一条指令为〔FMOVP K0 D100 K100〕。这是一条在以"D100"开始的100个数据寄存器中均写入数据"0"的数据寄存器置数指令。该指令执行后，数据寄存器"D100"~"D199"中的所有数值都是0。

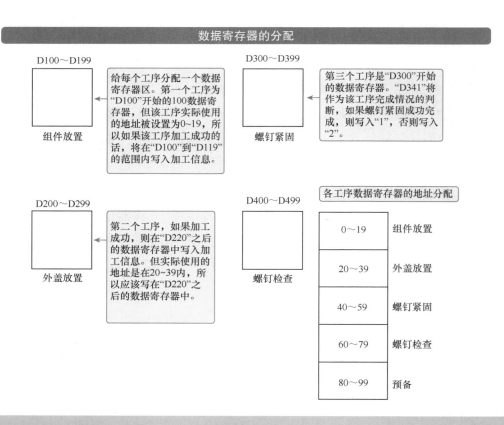

数据寄存器的分配

D100~D199
组件放置
给每个工序分配一个数据寄存器区。第一个工序为"D100"开始的100数据寄存器，但该工序实际使用的地址被设置为0~19，所以如果该工序加工成功的话，将在"D100"到"D119"的范围内写入加工信息。

D300~D399
螺钉紧固
第三个工序是"D300"开始的数据寄存器。"D341"将作为该工序完成情况的判断，如果螺钉紧固成功完成，则写入"1"，否则写入"2"。

D200~D299
外盖放置
第二个工序，如果加工成功，则在"D220"之后的数据寄存器中写入加工信息。但实际使用的地址是在20~39内，所以应该写在"D220"之后的数据寄存器中。

D400~D499
螺钉检查

各工序数据寄存器的地址分配

地址	工序
0~19	组件放置
20~39	外盖放置
40~59	螺钉紧固
60~79	螺钉检查
80~99	预备

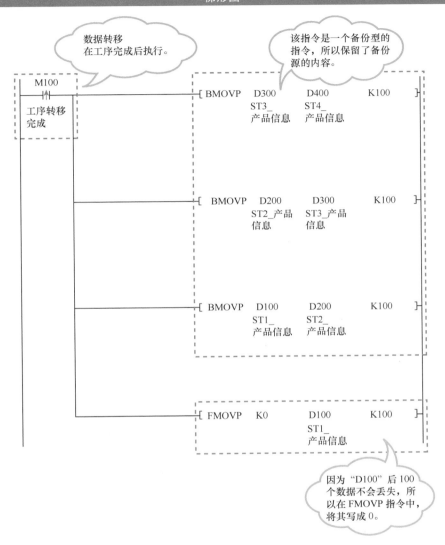

梯形图

数据转移
在工序完成后执行。

该指令是一个备份型的
指令，所以保留了备份
源的内容。

M100

工序转移
完成

BMOVP   D300   D400   K100
        ST3_   ST4_
        产品信息   产品信息

BMOVP   D200   D300   K100
        ST2_产品   ST3_产品
        信息   信息

BMOVP   D100   D200   K100
        ST1_   ST2_
        产品信息   产品信息

FMOVP   K0   D100   K100
                  ST1_
                  产品信息

因为"D100"后100
个数据不会丢失，所
以在FMOVP指令中，
将其写成0。

　　需要注意的是，数据的移动是有顺序的。首先将"D300"之后的数据移到"D400"或之后。然后，将"D200"之后的数据移到"D300"。再将"D100"以后的数据移到"D200"以后。最后，"D100"之后的100个数据被清除。这就是数据转移的概念，每个站只需要查看数据寄存器中写入的信息块即可。

创建梯形图的基础知识（步进控制①）

　　在进行步进控制的梯形图创建时，有一些关于如何绘制梯形图的基本知识。重要的是，要用别人容易理解的方式来画。本节介绍了一些常规的绘图方法，也是一些基本的绘图方法，称为步进控制。

▶▶ 动作

　　要创建一个梯形图电路，就需要决定电路会进行什么工作以及如何工作。为了说明问题，假设以下的操作。

　　预定动作如下页的图所示。当工件（产品）来到机器手的下方时，机器手就会下降，并带走它，这是一个简单的动作，就像一个 UFO 捕捉器。

　　当工件来到机器手的下方时，传感器检测到工件的存在，同时机器手也开始降低自己的位置。下降到位后，机器手抓住工件并将其提起，将工件运送到所需的位置，机器手再从该位置离开并返回到初始位置。在这个预定动作中，机器手只是重复了将工件输送到某个位置的操作。这样的设备被称为拾起和放置装置，有时也被缩写为 PP。

　　在进行操作的描述时，有必要确认操作的完成。例如"当机器手完成上升时……"，就需要通过气缸传感器来进行位置确认。此外，在这个操作中没有像全工控制○那样采用动作的互锁，因为预定动作的设定只是为了说明问题的。

▶▶ 步进控制

　　步进控制是指一次控制一个动作，依次进行各个动作的控制方式。在步进控制中，进行各个动作的线圈依次被接通，线圈接通时执行线

　　○　全工控制，如果在卸货目的地有一个工件存在，则不会执行卸货操作。

圈对应的动作。在这种情况下，动作线圈是依次接通的，在前一个动作的线圈未接通之前，后一个动作的线圈不能被接通。

在步进控制中，动作也是按顺序进行的。没有任何一个动作可以在另一个动作进行的过程中开始进行，也没有任何一个动作被跳越过去。

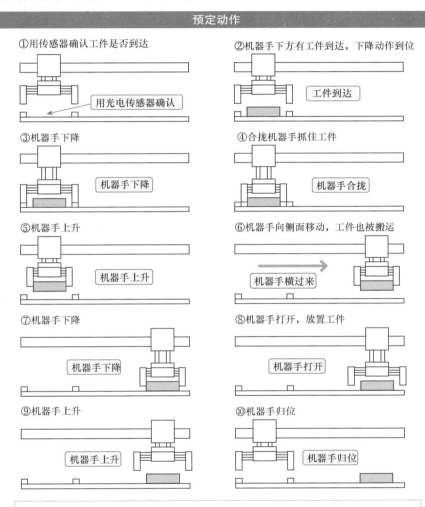

预定动作

①用传感器确认工件是否到达
用光电传感器确认

②机器手下方有工件到达，下降动作到位
工件到达

③机器手下降
机器手下降

④合拢机器手抓住工件
机器手合拢

⑤机器手上升
机器手上升

⑥机器手向侧面移动，工件也被搬运
机器手横过来

⑦机器手下降
机器手下降

⑧机器手打开，放置工件
机器手打开

⑨机器手上升
机器手上升

⑩机器手归位
机器手归位

当机器手向上移动到位时，机器手向左边移动，从而回到原点。当有下一个工件到达时，机器手将重复这一系列动作，再次进行工件的搬运。

顺序控制就是像这样按顺序进行的动作控制。例如，进行动作⑥的条件是动作⑤执行完成，亦即机器手装有的上升端传感器动作。因此，一定要把前一道工序的完成设定为下一道工序开始的条件。

第6章

创建梯形图的基础知识（步进控制②）

关于步进控制，在此介绍其梯形图的绘制。虽然其绘制方法也是自由的，但在此介绍步进控制下的基本绘制方法。

▶▶ 电路说明

在梯形图电路开始的地方，通过一个触点"X0"进行工件的检测，然后通过定时器"T0"进行一个延时操作。当定时器"T0"的节点接通时，表示工件到达预定位置，线圈"M0"接通。此时，线圈"M0"进行自锁。接下来是触点"X1"接通后，线圈"M1"接通，并进行自锁。只要线圈"M1"接通，即可以用该线圈的状态做机器手合拢指令的输出即可。

在线圈"M1"之前，有节点"M0"，从而以节点"M0"作为线圈"M1"的自锁条件。这就意味着，只有在上一个工序的机器手下降到位的时候才能进入当前工序的自锁。如果不这样做的话，当用其他程序或者手动降低机器手的时候，也会触发该工序的启动。

也就是说，只有在检测到工件➡使机器手下降➡机器手下降到位后，才能够输出机器手合拢的指令。

对于中间几个环节的电路，因为其动作情况都是按这样相同的要求进行制作的，因此不再进行介绍。在此，对最后一行的电路进行一下介绍。最后一行的电路，是当工件被搬运到预定位置并放置好以后，机器手会上升，并返回到原位。如果机器手回到了其原来的位置，则触点"X6"就会接通。此时，线圈"M8"也被接通。

这个"M8"是这个循环动作中第一个动作"M0"的自锁条件。如果线圈"M8"接通的话，线圈"M0"的自锁就会解除。然后下一次电路扫描，线圈"M1"的自锁也会被解除。接着还会进行再下一个线圈的自锁解除。以此类推，最终所有线圈的自锁都会被解除，电路也返回到初始状态。这是顺序控制电路梯形图的基本画法，一般也将其被称为步进控制。

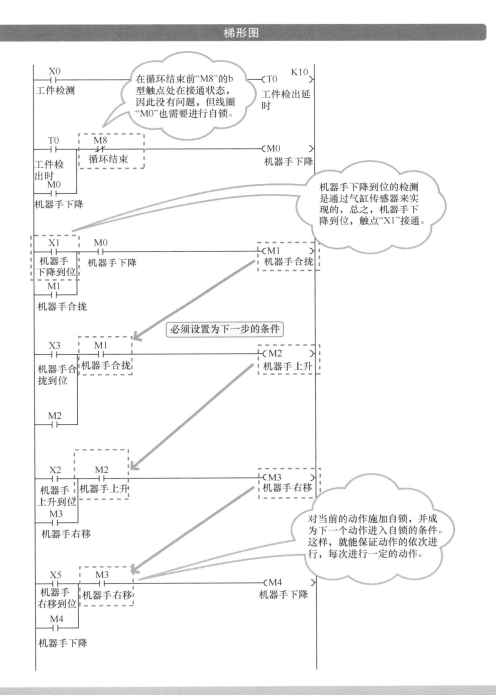

梯形图

在循环结束前"M8"的b型触点处在接通状态，因此没有问题，但线圈"M0"也需要进行自锁。

机器手下降到位的检测是通过气缸传感器来实现的，总之，机器手下降到位，触点"X1"接通。

必须设置为下一步的条件

对当前的动作施加自锁，并成为下一个动作进入自锁的条件。这样，就能保证动作的依次进行，每次进行一定的动作。

第6章 顺序控制电路的绘制

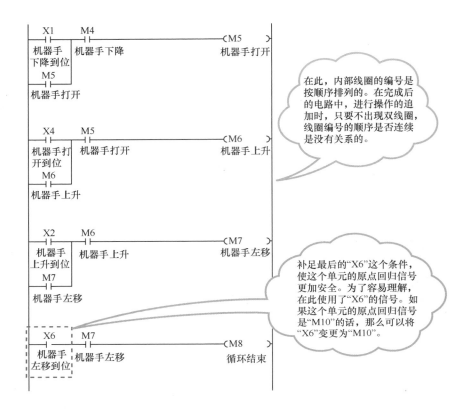

在此，内部线圈的编号是按顺序排列的。在完成后的电路中，进行操作的追加时，只要不出现双线圈，线圈编号的顺序是否连续是没有关系的。

补足最后的"X6"这个条件，使这个单元的原点回归信号更加安全。为了容易理解，在此使用了"X6"的信号。如果这个单元的原点回归信号是"M10"的话，那么可以将"X6"变更为"M10"。

▶▶ 定时器使用方法

在梯形图的最开始部分，通过触点"X0"进行工件的检测。在此之所以使用了一个定时器"T0"，是为了防止传感器只要有一瞬间的反应，机器手就会下降而开始循环运转。例如，用传送带等进行工件的运送时，如果没有定时器产生的延迟，则只要工件一旦出现，在这个瞬间机器手就会下降。根据具体情况，也有可能需要在工件到达预定位置且处于稳定状态时，才可以用机器手进行抓取。因此，这里需要一个工件到达时的稳定和停止时间。

160

极简图解顺序控制原理和基本电路（原书第2版）

基于步进控制的输出电路

至此，虽然制作了步进控制的电路，但是在这个状态下由于没有输出电路，所以还不能进行正常的工作。输出是指从顺序控制器向外部发出信号，作为气缸电磁阀螺线管的驱动信号。根据使用的是双螺线管还是单螺线管的不同，电路的画法也有所不同。

▶▶ 单螺线管的情况

在使用单螺线管的情况下，螺线管（电磁阀）上只有一个线圈。输出给到那个线圈的时候，电磁阀就会动作。如果停止输出，电磁阀的动作也会停止。也就是说，当输出"Y0"时气缸就会下降，当输出"Y0"撤销时气缸就会上升。这种使用方法虽然有利于I/O点数的减少，是有一定好处的，但是如果电气系统突然故障的话，气缸也有突然回到原点的危险。

在此，因为线圈"M0"是用于机器手下降控制的，所以首先将线圈"M0"的状态输出到输出端子"Y0"。这样，当"Y0"有输出信号时，机器手就会下降。在机器手需要进行上升操作时，为了使其上升，就必须撤销"Y0"的输出。在上述电路中，机器手的上升控制使用的是线圈"M2"，通过将"M2"的b型触点插入到"Y0"的输出时，即可以实现"Y0"输出的撤销。

在工件传送的电路中，这样的操作处理也是一样的，例如，当线圈"M4"的状态输出时，可以采用"M6"的触点进行输出撤销。其他的输出电路的情况也可以进行同样的处理。

▶▶ 双螺线管的情况

接下来是使用双螺线管的情况。在这种情况下，螺线管（电磁阀）上有两个线圈。当输出信号送到其中一个线圈时，线圈即会动作，但即使撤销这个输出，气缸也不会返回。也就是说，当用输出"Y0"使气缸下降时，即使切断"Y0"的输出，气缸也不会上升。为了使其上升，还需要输出另一个信号"Y1"。

在这种情况下，虽然 I/O 的点数增加了一倍，但是即使电气系统出现了故障，气缸也不会自动返回，所以在安全性方面很有利。对于行程较长的气缸，基本上都使用双螺线管控制的方式。

在使用双螺线管的情况下，电路的输出有些许的不同。如果用"M0"来进行机器手下降操作的话，当下降完成的时候输出信号即停止输出。根据电路制作的不同，也有让输出持续 0.5s 后再停止输出的情况。对于机器手的上升控制，情况也是如此，输出电路的制作也是一样的。

输出到单螺线管

触点"M0"用于"Y0"的输出，控制机器手的下降。当机器手需要上升时，通过"M2"的触点切断"Y0"的输出即可。

第一次升降操作是为了进行工件的抓取。第二次升降操作是为了进行工件的放置。

单螺线管的情况下，一旦切断输出，气缸就会返回。为了保持动作的持续，需要保持信号的输出。例如，为了保持机器手的下降，需要保持"Y0"的输出。

输出到双螺线管

如果机器手下降控制信号输出到"Y0"，则当机器手下降动作开始后，即使切断输出也没有问题。在接下来进行合拢机器手的操作时，如果需要切断放置工件的机器手下降输出，可以像这样在输出电路中插入相应的触点。

为了使机器手上升，有必要进行上升控制信号的输出。当上升开始时，切断"Y1"的输出也没有问题。当上升完成时可以切断"Y1"的输出。

这里介绍的是输出电路制作的基本方法。不同控制器的制造商有不同的电路设计规范，如果有，则需要遵从。由于采用上述的方法切断输出，所以不能把握螺线管内阀柱⊖的位置。因此，有时候，也有必要保持其中一个线圈的输出的情况。

⊖ 螺线管内的阀柱，通过螺线管的控制，该阀柱产生运动，进而控制电磁阀的输出方向。

基于分步控制的动作

分步控制并不是一个正式的名词。分步控制可以通过数据寄存器中保存的数值的使用来进行连续的分步控制操作，就像上述所介绍的步进控制那样。在本书中，将这种梯形图绘制的方法称为"分步控制"。

▶▶ 分步控制

分步控制这个名词是作者随意取的。一般来说，不应该进行这样的随意命名，但如果没有名称的支撑，介绍也会变得很困难，所以在本书中将其称为"分步控制"。

如果需要创建与上述所介绍的步进控制相同的动作，也可以采取如下页的图所示的梯形图绘制方法，并且不需要连续使用自锁电路，只需要将数值放入数据寄存器中，并根据数值进行控制即可。但是，不建议初学者使用（分步控制），需要在真正理解步进控制中介绍的自锁方法之后，再进行使用。

▶▶ 动作说明

梯形图的绘制如下页图所示（梯形图）。在此采用的顺序控制器系列是 Q 系列，所以最先出现的"SM400"是一直处于 ON 状态的触点。这与 FX 系列中出现的触点"M8000"一样。

最初出现的是条 [DECO　D0　M0　K4] 的指令。这是一条解码器指令，是此控制中最重要的部分。该解码器指令是根据数据寄存器"D0"中的值进行解码，并将解码结果输出到以"M0"开始的连续线圈。当"D0"的值为 0 时，线圈"M0"处于 ON 的状态。当"D0"的值为 3 时，线圈"M3"处于 ON 的状态。但是输出线圈数量是有上限的，此指令中的"K4"，即表示输出线圈的数量为 2^4 个，也就是 16 个。也就是使用"M0"开始的连续 16 个线圈。如果没有这个限制，内部继电器就会自动接通。

一开始，"D0"的值是 0，所以接通的是线圈"M0"。在这种状态下，当有工件到达时，定时器"T0"接通。当定时器"T0"的触点接通时，就有"INCP D0"的执行，为数据寄存器"D0"进行加 1 操作。

当"D0"的值等于 1 时，线圈"M0"断开，线圈"M1"接通。这个"M1"用于机器手下降的控制输出。接下来，在触点"M1"接通的情况下，触点"X1"的接通，又会使得"D0"进行 1 次加 1 操作。此时，线圈"M2"接通。如此，电路不断进行这样的操作。

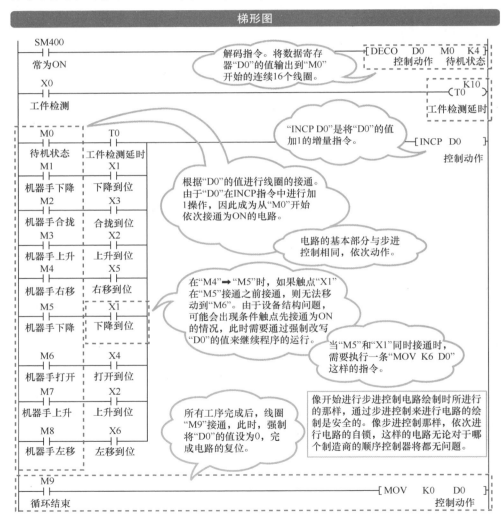

梯形图

SM400 常为ON
解码指令。将数据寄存器"D0"的值输出到"M0"开始的连续16个线圈。
[DECO D0 M0 K4] 控制动作 待机状态

X0 工件检测
K10 (T0) 工件检测延时

"INCP D0"是将"D0"的值加1的增量指令。
[INCP D0] 控制动作

M0 待机状态 T0 工件检测延时
M1 机器手下降 X1 下降到位

根据"D0"的值进行线圈的接通。由于"D0"在INCP指令中进行加1操作，因此成为从"M0"开始依次接通为ON的电路。

M2 机器手合拢 X3 合拢到位
M3 机器手上升 X2 上升到位

电路的基本部分与步进控制相同，依次动作。

M4 机器手右移 X5 右移到位
M5 机器手下降 X1 下降到位

在"M4"→"M5"时，如果触点"X1"在"M5"接通之前接通，则无法移动到"M6"。由于设备结构问题，可能会出现条件触点先接通为ON的情况，此时需要通过强制改写"D0"的值来继续程序的运行。

当"M5"和"X1"同时接通时，需要执行一条"MOV K6 D0"这样的指令。

M6 机器手打开 X4 打开到位
M7 机器手上升 X2 上升到位

所有工序完成后，线圈"M9"接通，此时，强制将"D0"的值设为0，完成电路的复位。

像开始进行步进控制电路绘制时所进行的那样，通过步进控制来进行电路的绘制是安全的。像步进控制那样，依次进行电路的自锁，这样的电路无论对于哪个制造商的顺序控制器将都无问题。

M8 机器手左移 X6 左移到位

M9 循环结束
[MOV K0 D0] 控制动作

极简图解顺序控制原理和基本电路（原书第 2 版）

基于分步控制的输出电路

对于基于分步控制的输出电路的画法，因为和步进控制线圈的接通方式略有不同，所以其输出的画法电路也有所不同。另外，在使用双螺线管控制和单螺线管控制的情况下，电路也有所不同。

▶▶ 双螺线管的情况

在基于分步控制的情况下，使用双螺线管控制的电路会变得简单。所以先进行双螺线管控制的电路。

在进行步进控制的情况下，为了切断控制的输出而使用了 b 型触点在输出电路中的插入。这是因为，如输出控制线圈为"M0"的情况下，一旦线圈"M0"接通，就会一直处于接通状态，直到一个循环完成。

而在分步控制的情况下，情况有所不同，只需要放置一个用于控制输出的线圈即可。例如，在进行步进控制的情况下，当线圈"M3"接通时，线圈"M0"～"M2"也处于接通状态。而在分步控制的情况下，当线圈"M3"接通时，其他控制线圈均处于断开状态。

因此，其输出电路如下页的上图所示，只是简单地用控制线圈进行输出即可。

▶▶ 单螺线管的情况

在进行分步控制的情况下，如果使用单螺线管进行控制，就需要稍微多下一些功夫。这是因为在进行分步控制的情况下，控制线圈"M1"和"M2"等不能同时处于接通的状态。因此，如果只使用线圈"M1"控制机器手合拢的话，则机器手就会在开始合拢动作的瞬间开始上升。因此，机器手在"M2"的控制下进行合拢动作时，还必须保持下降状态的动作控制。如此一来，在工序较多的情况下，梯形图必然会向下方变得很长。

此时如果使用触点比较指令，进行数据寄存器值的比较的话，则梯形图会变得简短。

▶▶ 分步控制的优点

分步控制也有一些优点，其优点体现在以下几个方面。首先，在分步控制梯形图电路的画法上，只需排列用于动作控制的触点，然后在其旁边排列动作完成条件的触点即可，制作速度很快。另一方面，其最大的优点是可以将当前的动作所处的顺序位置作为数值来处理。如果与 GOT（触摸面板）上的信息进行联动的话，就可以很简单地在 GOT 上显示当前的操作状况。由于设备异常而停止的时候，停止位置也可以用数值来处理，之后的对应也很简单。

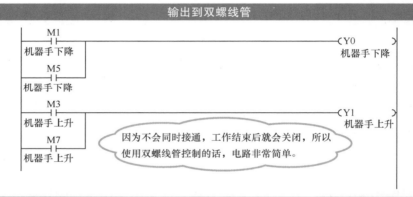

因为不会同时接通，工作结束后就会关闭，所以使用双螺线管控制的话，电路非常简单。

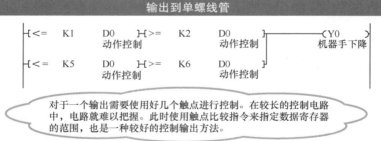

对于一个输出需要使用好几个触点进行控制。在较长的控制电路中，电路就难以把握。此时使用触点比较指令来指定数据寄存器的范围，也是一种较好的控制输出方法。

▶▶ 分步控制的缺点

顺便说一下，分步控制的缺点是很难在动作电路之间追加其他动作。虽然有各种各样的添加方法，但是如果不重新进行电路绘制的话，就不会有易于理解的电路。另一个是需要掌握梯形图绘制的技巧。

极简图解顺序控制原理和基本电路（原书第 2 版）

程序的实际流程①

本节介绍在顺序控制器实际运行中，梯形图是如何进行处理的。需要注意的是，在进行数据处理时，操作会随着梯形图绘制的顺序发生变化。

▶▶ 到目前为止说明的程序的流程

如果被问到程序执行的实际流程，你是否能够做出正确的回答呢？或许有些人的回答是，如果有触点接通，则与其对应的线圈也接通，相应的指令也被执行。这实际上并未给出程序的实际流程。如果按照这样的说法，则在如下一页的图所示的电路中，就会是如果输入触点"X0"接通，则输出线圈"M0"接通，然后是后面的输出线圈"Y0"接通，其余的中间电路完全不工作。对电路的这种解释，是基于不了解程序的实际流程给出的，电路的实际流程并非如此。

▶▶ 程序的实际流程

对于如下一页的图所示的电路，如果按照直观的理解，电路的工作情况可能是，如果触点"M1"接通，则前面一行的指令"FMOVP"和后面一行的线圈"Y1"将会同时接通。但实际情况却是，它们的执行和接通并不是同时进行的。程序的扫描基本上是从上往下进行的，更确切地说，是从上往下、从左往右进行的。

程序的实际执行过程是通过梯形图的扫描来进行的，实际的扫描过程从最前面一行的第 0 步开始，逐行依次扫描，一直到最后一行的第 43 步的"END"。扫描都是高速进行的，当扫描到最后一行的"END"时，又返回到程序的开头，再次进行下一次的扫描。如此，对程序进行一次完整的扫描所需要的时间被称为扫描时间。如果使用了脉冲型指令的话，则只在首次接通的扫描中，脉冲型指令执行 1 次。

假设线圈"M0"在上一次扫描中没有输出，亦即处于断开的状态，在

第
6
章

本次扫描中变成了接通状态，则由于线圈"M0"的接通是在步骤18中进行的，因此会继续进行扫描，一直到"END"结束，再返回步骤0。步骤0中有只接通一个扫描周期的节点"M0"，因此会分别进行［BMOVP］指令的单次执行，并按每次100个数据，将"D100"至"D400"的数据进行转移。

像这样，程序中的数据运算只能逐个依次进行，因此按照程序的绘制顺序进行的数据运算，有时无法很好地实现计算意图，需要合理地安排运算顺序的排列。

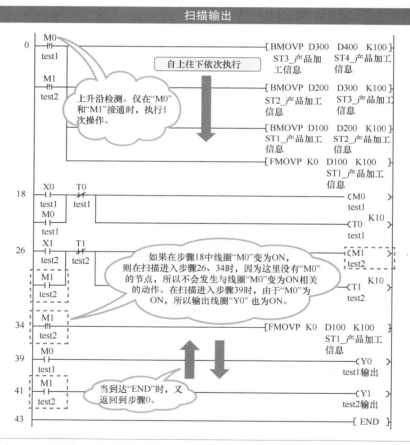

扫描输出

假设在"M1"为ON的情况下，扫描进入步骤26时，线圈"M1"接通。在扫描进入步骤34时，由于包含了清零"D100"开始的100个数据清零的指令，因此会执行1次数据清零操作。在扫描进入步骤41时，输出线圈"Y1"接通。当到达"END"时，则返回到步骤0。此时，由于已经将"D100"开始的100个数据清零，因此再次执行时，清零的数据值都会向下转移。如果将"M1"从断开到接通进行3次，则"D100"到"D499"的值将全部清零。

极简图解顺序控制原理和基本电路（原书第2版）

程序的实际流程②

在此继续进行顺序控制器内程序实际流程的介绍。输入"X"和输出"Y"的时间响应也是不同的。以下，以此为中心进行介绍。

▶▶ 数值数据的运算

顺序控制器内的数值运算也是一个一个地依次进行的，所以可以多次使用一个数据寄存器进行计算。此外，也可以将运算结果放入同一数据寄存器中，在该数据寄存器中进行运算，再将运算结果放回同一数据寄存器。作为运算的注意事项，一定要用脉冲型指令进行数值运算的执行。如果不这样做的话，则会在有运算指令存在时，每次程序扫描时都会执行一次数值运算操作。

但是，在刚开始进行顺序控制器内程序编制的时候，不建议采用同一个数据寄存器进行数值运算。因为这样的操作在监视器中看不到运算过程，所以当发生运算错误时，很难确定是否出现了运算错误。

▶▶ 更新方式

接下来是输入和输出。到目前为止，所介绍的都是内部线圈等的动作情况。但是，对于输入触点"X"和输出线圈"Y"的动作稍有变化。首先看一下，当从外部端子接通输入触点"X0"时，这个状态会在什么时候反映到程序中呢？

其实并不是马上就能反映到程序中的。程序扫描进行时，扫描到"END"之后，才会读入外部触点的状态。扫描过了"END"，再回到0行的时候，在程序上反映该输入状态"X0"。如果有多个输入发生了接通，也会集中反映出来，这就是顺序控制器的输入延迟。

输出线圈"Y"的输出也是一样。例如，当程序中有输出"Y0"和"Y1"接通时，也只有当扫描到"END"之后，才在端子上进行输出。

像这样，输入和输出均有一些延迟，但是对设备运行等几乎没有影响。有影响的是需要高速运算处理的测试装置等。这种输入输出方式被称为刷新方式[一]。

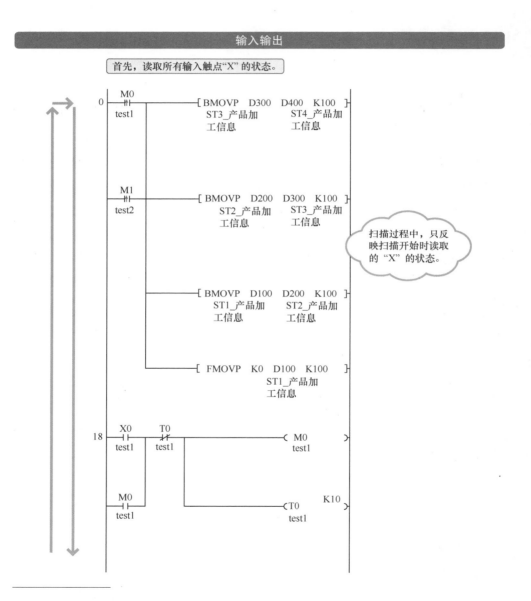

输入输出

首先，读取所有输入触点"X"的状态。

扫描过程中，只反映扫描开始时读取的"X"的状态。

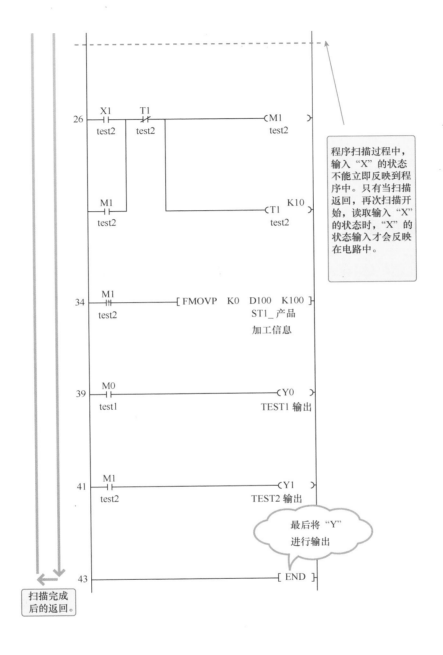

程序扫描过程中，输入"X"的状态不能立即反映到程序中。只有当扫描返回，再次扫描开始，读取输入"X"的状态时，"X"的状态输入才会反映在电路中。

最后将"Y"进行输出

扫描完成后的返回。

交替型和瞬时型

如"3-1输入设备"中所介绍的那样，"按压式开关"可以分为"交替型（alternate）"和"瞬时型"两种类型。在进行开关选择的产品目录中也会看到这样的描述。开关的类型不同，其动作也不同。

▶▶ 瞬时型

所谓瞬时型开关，指的就是普通的按钮。可以想象一下汽车喇叭声的控制，只有在按下方向盘上的喇叭按钮时，喇叭才会发出很大的声音。若松开喇叭按钮的话，则喇叭声音就会立即消失。也就是说，只有在按钮被按下的时候喇叭才会发出声音。这种动作模式被称为瞬时型动作。

当瞬时型连接到顺序控制器时，将只会在按钮被按下的时候输入"X"才接通。

▶▶ 交替型

交替型开关的动作与此不同。当开关按下一次时，开关处于接通的位置，开关松开后就会继续保持这个接通状态。只有当开关再一次按下时，开关才会返回到初始的断开状态。感觉像是电视机的主电源开关。

当交替型开关连接到顺序控制器时，当开关被按下一次时，即使松开开关也会使得输入"X"一直处于接通的状态，再次按下时，输入"X"才会变成断开状态。

▶▶ 交替型动作的实现

由于顺序控制器中使用的开关大多都是瞬时型开关，为了使得瞬时型开关的动作与交替型开关一致，可以通过程序使瞬时型开关实现与交替型开关一致的动作，如下一页的图所示。

电路的动作很简单，当瞬时型开关被按下一次时，指示灯就会亮起。当瞬时型开关再一次被按下时，指示灯就会熄灭。如此周而复始。使用这样动作的程序，也能实现按一次按钮为运行模式，再按一次是停止模式。

按下按钮稍微长一点时间，触点"X10"接通，线圈"M203"就会接通。再按一次按钮，线圈"M203"就会断开。指示灯"Y10"与其联动。

实际上，也有更简单的画法。

如果像下页的电路图那样画的话，就会更简单。

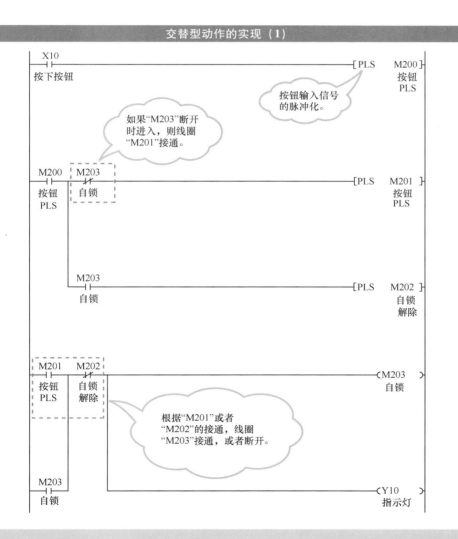

交替型动作的实现（1）

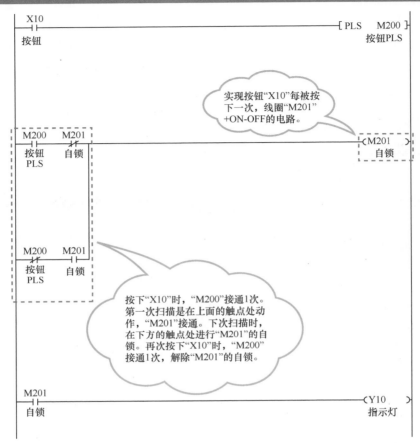

实现按钮"X10"每被按下一次，线圈"M201"+ON-OFF的电路。

按下"X10"时，"M200"接通1次。第一次扫描是在上面的触点处动作，"M201"接通。下次扫描时，在下方的触点处进行"M201"的自锁。再次按下"X10"时，"M200"接通1次，解除"M201"的自锁。

6-40

特殊功能继电器

在顺序控制器内，存在一些预先设定了特定功能的内部继电器。之所以称其为特殊功能继电器，是因为这些继电器是顺序控制器运行操作时所使用的继电器，因此不能作为通常的内部继电器使用。

▶▶ 特殊功能继电器

特殊功能继电器是在顺序控制器内预先设定了特定功能的内部继电器。特殊功能继电器的状态由顺序控制器的状态决定，是用于反映控制器内部状态的继电器，因此只能使用这些继电器的触点，不能操作它们的线圈。需要注意的是，根据顺序控制器型号的不同，这些特殊功能继电器的设备号也会发生变化。

特殊继电器的查看方法，可通过"GX Works"菜单中的"帮助" ⇨ "特殊继电器/寄存器"进行查看。

特殊功能继电器的使用方法多种多样。例如，常为接通状态的 ON 继电器（顺序控制器处于 RUN 状态时该继电器的状态也为 ON），可以在进行程序调试时强制该继电器的线圈为断开状态，使得电路的执行暂时停止。另外，特殊功能继电器还可用于梯形图部分动作的汇总，虽然这属于梯形图绘制的方法问题，但这样的汇总可以使得电路变得容易理解。

作为时钟用途的特殊功能继电器，以一定的周期进行 ON-OFF 状态的切换，因此可以在指示灯的闪烁和时间的测定等方面使用。

电池电压降低的特殊功能继电器，能够在电池电压降低时变成 ON 的状态。如果以此作为预先警告显示的话，工作人员容易注意到电池电压的降低。由于电池耗尽的情况下，程序会异常停止，所以在电池电压降低时需要及时更换。

```
X001                                           ┤[ MOV    K0      D0
├─┤├─────────────────────────────────────────           输出
PB1
```

```
X002                                           ┤[ MOV    K1      D0
├─┤├─────────────────────────────────────────           输出
PB2
```

同样的动作。

```
X003                                           ┤[MOV     K2      D0
├─┤├─────────────────────────────────────────           输出
PB3
```

```
X004                                           ┤[ MOV    K3      D0
├─┤├─────────────────────────────────────────           输出
PB4
```

通过常为ON触点汇总，
电路易于理解。

```
M8000  X001                                    ┤[ MOV    K0      D0
├─┤├───┤├────────────────────────────────────           输出
常为    PB1
ON
```

```
       X002                                    ┤[ MOV    K1      D0
   ────┤├────────────────────────────────────           输出
       PB2
```

```
       X003                                    ┤[ MOV    K2      D0
   ────┤├────────────────────────────────────           输出
       PB3
```

```
       X004                                    ┤[ MOV    K3      D0
   ────┤├────────────────────────────────────           输出
       PB4
```

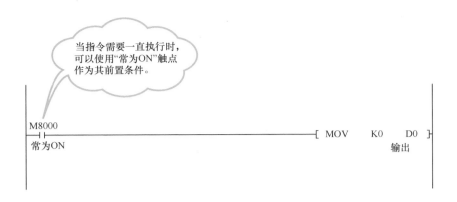

当指令需要一直执行时，可以使用"常为ON"触点作为其前置条件。

M8000
常为ON
                                    [MOV   K0   D0]
                                             输出

经常使用的特殊功能继电器

	说明	FX 系列	Q 系列	A 系列
常为 ON	在 RUN 过程中始终保持 ON 状态	M8000	SM400	M9036
常为 OFF	在 RUN 过程中始终保持 OFF 状态	M8001	SM401	M9037
RUN 后的 1 个扫描周期为 ON	仅在 RUN 后的第一个扫描周期为 ON，PLS 输出	M8002	SM402	M9038
0.1s 时钟	以 0.1s 间隔 ON-OFF	M8012	SM410	M9030
1s 时钟	以 1s 间隔 ON-OFF	M8013	SM412	M9032
电池电压下降	电池电压降低时为 ON	M8005	SM52	M9006

▶▶ 特殊功能寄存器

　　和特殊功能继电器一样，特殊功能寄存器是顺序控制器使用的、具有特殊功能的数据寄存器。例如，当顺序控制器发生错误，此时相应的特殊功能继电器会成为 ON 的状态，同时也会将错误信息的代码传送给相应的特殊功能寄存器，以便确认出现的是什么错误。

　　带有日历功能的顺序控制器，会在某些特殊功能寄存器中给出今天的日期和时间，以此进行日期和时间的设定，并通过内部的时钟进行日期和时间的计数。

第
6
章

便捷功能

"GX Works2" 提供了一些方便操作的便捷功能，如快捷键等。这里介绍常用的快捷键和设置方法。

▶▶ 键盘和鼠标不要交替使用

在进行梯形图绘制时，首先用鼠标进行目标选择，然后再用键盘进行输入，这实际上是一种效率很低的操作。在操作熟练之前，这样的操作是没有问题的，但是在制作大型梯形图电路的时候，这样的操作会花费太多的时间。

因此，在通过鼠标移动到需要进行编辑操作的位置之后，只使用键盘进行编辑操作，这样可以省去从键盘到鼠标的切换，可以顺利地进行梯形图电路的制作。但是，因为只用键盘进行输入，所以必须要记住用于编辑操作的快捷键。

▶▶ 用键盘操作

首先，编辑输入位置的移动可使用键盘上的光标键（带箭头的键）来进行。当需要输入一个 a 型触点时，先用键盘上的光标键（带箭头的键）进行光标的移动，找到需要进行编辑输入的位置，然后按快捷功能键【F5】。这样就变成 a 型触点的输入状态，直接进行输入后按【Enter】键，即可完成输入操作。

对于线圈的输入，可以采用类似的方法只通过键盘即可输入，此时的快捷功能键为【F7】。另外，如果对于列表输入的电路输入方法能够掌握到一定程度的话，也可以直接采用列表输入⊖进行梯形图电

⊖ 列表输入，列表是一种不同于梯形图输入的输入方法，是直接采用文字输入条件和指令的输入方法，也被称为助记符输入。

路的编辑。采用列表输入时，将光标对准想要输入的位置，输入"LD X0"，就可以输入一个 a 型触点"X0"。

对于完成输入的电路，如果需要进行电路转换的话，可以通过按快捷功能键【F4】进行。在 RUN 状态进行写入的情况下，按住【Shift】键的同时按下【F4】键，就可以在转换的同时写入到顺序控制器中。

▶▶ 强制输出

在进行运行监视的时候，可以通过内部继电器的强制接通切换到监视模式。此时，在按【Shift】键的同时，再按【Enter】键，就可以进入强制接通状态。但是，因为这样的强制接通状态只能维持 1 个扫描周期，因此，在必要的时候需要采用相应的自锁电路维持需要的状态。

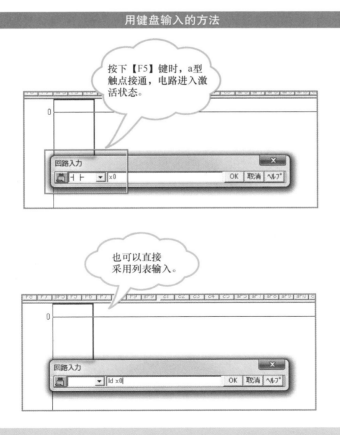

用键盘输入的方法

按下【F5】键时，a型触点接通，电路进入激活状态。

也可以直接采用列表输入。

第 6 章

	【F2】	【F3】	【F4】	【F5】	【F6】
单独	写入模式	监视模式	转换	a 型触点	b 型触点
和【Shift】同时	读出模式	监视模式下的写入	RUN 模式下的写入	a 型触点 OR	b 型触点 OR
和【Ctrl】同时	–	–	–	注释显示	–

	【F7】	【F8】	【F9】	【F10】
单独	线圈	应用指令	横线输入	规矩线输入
和【Shift】同时	上升沿脉冲	下降沿脉冲	竖线输入	–
和【Ctrl】同时	–	–	横线删除	竖线删除

【Ctrl】+【S】	覆盖保存
【Ctrl】+【F】	设备搜索
【Ctrl】+【C】	复制
【Ctrl】+【V】	粘贴
【Shift】+【Insert】	插入行
【Shift】+【Delete】	删除行
【Ctrl】+【Insert】	插入列
【Ctrl】+【Delete】	删除列
【Shift】+【Enter】	监视模式下的设备 ON 强制

关于电路创建的方法 ①

在采用顺序控制器进行控制时，如果控制程序变得很大，就需要对程序进行分块，首先进行各个程序块的制作。如何进行程序的分块？如何进行各个程序块的链接？程序块的链接决定了整个程序的完整性。

▶▶ 按工序进行程序的编写

假设有一种设备的加工由组件放置的工序、外盖放置的工序、螺钉紧固的工序、螺钉检查的工序以及用传送装置运送产品的工序构成。

对于这种具有多道加工工序的设备加工，通常需要按照各个工序的加工动作来进行控制程序的编制。例如，如果是外盖放置的工序，就需要制作外盖放置工序的动作程序。按照这样的思想，首先编制各个加工工序的动作控制程序，然后再将所有工序的动作控制程序统一实现在一台顺序控制器里。这就要求各个加工工序的动作控制程序能够确认彼此动作内容，并同时进行动作的协同，从而使得整个过程的工作流畅运行。

其中，在"确认彼此动作内容"的部分，就包括对于前一加工工序动作失败的时候，后面的加工工序就不需要再对其进行继续加工这样的情况。对于这样的要求，一种可能的做法是根据具体情况，进行控制程序的修改。也可以如下页上图所示的那样，使各加工工序的控制程序相互渗透，以进行彼此动作内容的确认。

▶▶ 不推荐各工序控制程序的相互渗透

在此，不推荐如下页上图所示的那样，使各加工工序的控制程序相互渗透，以进行彼此动作内容确认的方法。如果加工工序只有 2 个这样的较少工序的情况下，这种相互渗透的方法也许是可行的。但是，对于实际加工工序是 4 个的情况，并且这 4 个加工工序又是同时进行的。如果再加上输送关系控制就会变得更加复杂，使得这种相互渗透的方法无法应对。为什么这样的程序制作方法不可行呢？例如，假如外盖放置的工序控制程序出现了故障，则在对其进行调试时，就会因为这种程序的相互渗透，很难判断是哪个部分出现了故障。

此外，如果后期需要对设备进行改造，需要在外盖放置的工序中添加动作，就会因为对其他工序程序的影响使得动作的添加变得困难。因此不建议使用这样的程序编制方法。

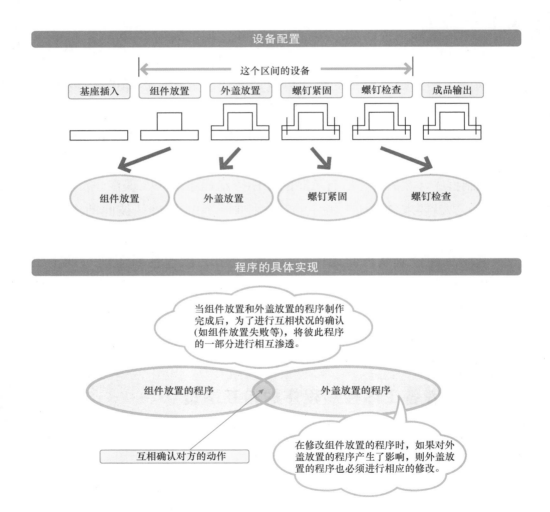

极简图解顺序控制原理和基本电路（原书第2版）

关于电路创建的方法②

各加工工序的程序为了确认彼此的动作，有将动作信息传送到其他加工工序的数据寄存器进行相互确认的方法。

▶▶ 各加工工序的操作和数据转移

假定各个加工工序动作控制程序分别是由不同的人进行编制的话，则可以设定一个公共的数据寄存器（公共设备）区，各加工工序的动作控制程序都可以访问这些公共数据寄存器，以读取彼此的程序状态。例如，当组件放置失败时，即在所设置的公共数据寄存器上设置失败标志。外盖放置的程序则可以根据该标志，判断是否继续进行外盖放置的操作。

这样一来，一个工序的动作控制程序就不会对另一个工序的动作控制程序产生影响。即使有故障发生的时候，也容易发现问题所在。

数据转移（如下一页的下图所示）时，各个工序的动作控制程序只需要看到自己上一道工序的加工数据，并根据加工数据检查上一道加工工序的情况，以决定自身工序的动作执行，同时将操作完成情况写入公共数据寄存器。

例如，当组件放置的工序操作失败时，即将操作失败的信息写入公共数据寄存器。在执行工件传送时，同时将该工序的加工数据转移到下一道工序。此时，外盖放置工序的动作控制程序即可以在公共数据寄存器中看到刚刚写入的操作失败信息。当看到这个信息时，外盖放置的工序即会跳过该工序的加工操作。

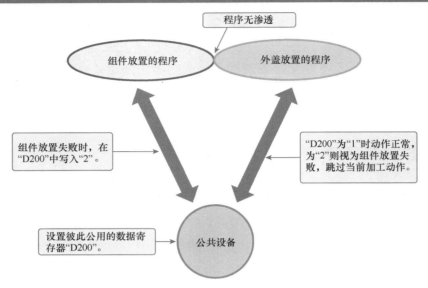

程序无渗透

组件放置的程序

外盖放置的程序

组件放置失败时，在"D200"中写入"2"。

"D200"为"1"时动作正常，为"2"则视为组件放置失败，跳过当前加工动作。

设置彼此公用的数据寄存器"D200"。

公共设备

数据转移

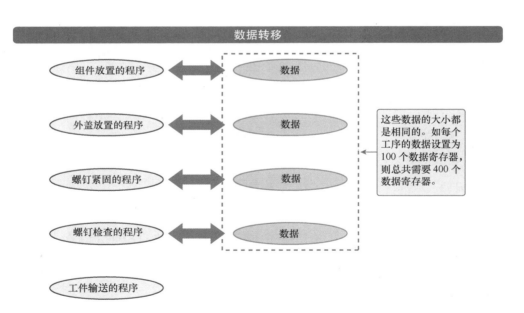

组件放置的程序 —— 数据

外盖放置的程序 —— 数据

螺钉紧固的程序 —— 数据

螺钉检查的程序 —— 数据

工件输送的程序

这些数据的大小都是相同的。如每个工序的数据设置为100个数据寄存器，则总共需要400个数据寄存器。

▶▶ 复位操作

下面介绍进行复位操作的程序。所谓复位，是指将设备内的气缸等所有设备恢复到其初始状态时所处的位置。当然，复位操作的执行也会使得动作控制程序内的控制电路回到电路的初始状态。

复位程序的制作方法是，首先对组件放置加工工序的动作控制程序、外盖放置加工工序的动作控制程序等分别制作各自的复位程序。接下来，制作整体的复位程序。

在执行控制整体的复位程序时，首先向组件放置加工工序的复位程序一直到螺丝检查加工工序的复位程序，向4个复位程序发出复位操作的脉冲指令。然后，当4个加工工序复位程序的复位操作均完成时，向工件传送的复位程序发出复位脉冲指令。如果所有的复位操作完成，则整体的复位操作完成，复位操作停止。

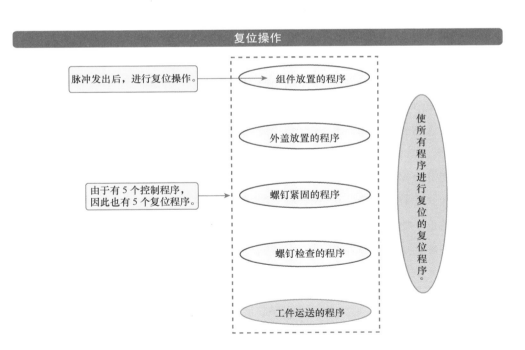

第6章

置位指令[⊖]的实际执行

当置位指令执行时，顺序控制器中的线圈指令会在下一个扫描周期后按实际电路正常执行。例如，当线圈"M0"的接通是通过输入"X0"的 a 型触点进行时，在置位指令执行的下一个扫描周期后，如果触点"X0"接通则线圈"M0"接通，如果触点"X0"断开则线圈"M0"断开。读者可能会有所疑虑，难道这不是一条置位指令？

实际上，在置位指令执行后，线圈"M0"的 ON 状态只保持一个扫描周期，在下一个扫描周期后，当"X0"接通时，每次扫描时都会将线圈"M0"接通。如果将"X0"断开，则在扫描中就会断开线圈"M0"。

其实这完全是无关紧要的话题，平时我们也没有必要在意。但需要注意的是强制输出的时候。例如在使用"M1"的接点而没有使用"M1"线圈的情况。此时，如果我们强制接通线圈"M1"，它就会持续保持 ON 的状态。而一般情况下，强制接通程序中的线圈时，如不通过自锁电路，线圈是无法持续接通的。

之所以会出现上述持续保持 ON 的状态，是因为程序中没有使用线圈"M1"的指令，所以也没有断开线圈"M1"的指令。如果能够熟练地使用这个特点，则在调试时可以简单地实现一个线圈的强制 ON 或者强制 OFF。

需要注意的是使用了编码指令的情况。假设程序使用了"M0"~"M15"的 16 个点，而实际使用的只有其中的 12 个点，此时还剩余 4 个点。在这种情况下，剩余的 4 个点即使不使用也请务必在程序中使其始终处于断开状态。

虽然只是经验之谈，但有时会忘记在调试中强制接通了线圈"M15"，这会使得编码指令结果中与"M15"对应的值总是保持不变，这有时会让我们束手无策。如果是使用了锁存器[⊖]的话，情况就更复杂了。虽然只要冷静地考虑就会明白事情的缘由，但在这种情况下，大概没法冷静下来。

⊖ 置位指令，接通线圈的指令，一旦执行，线圈则持续保持接通状态。
⊖ 锁存器，即使切断 PLC 电源，也要维持其锁存的状态。也就是说，如果锁存器的线圈处于接通的状态，即使重新启动 PLC，锁存器的线圈依然处于接通状态。

第 **7** 章

顺序控制程序的创建

要实际进行顺序控制程序的创建，需要按照创建的顺序来进行。在进行顺序控制程序的创建时必须为程序创建做一些准备工作，而不是一开始就进行程序的编制。这一点，对于熟悉顺序控制程序创建的人一般都能做到，但是在熟悉之前可能不知道从什么地方开始才好。本章将介绍顺序控制程序创建的步骤。

程序创建的基础知识

在此，从头开始进行一个顺序控制程序的创建。首先简要介绍创建一个顺序控制程序的基本流程。对于初学者来说，往往不知道该从什么地方开始进行程序的创建。以下让我们按照顺序开始吧。

▶▶ 全面掌握整体的动作情况

进行一个顺序控制程序的创建首先需要全面掌握被控设备的整体动作。如果被控设备是自己设计的设备，则对其实施顺序控制将是没有问题的。但是，顺序控制工作往往是与其他业者共同合作进行的，因此有必要详细掌握被控设备的动作内容，透彻了解被控设备细节深处诸如一个小气缸的动作情况。

▶▶ I/O 表的制作和控制器内设备的使用范围

在全面了解了被控设备整体动作的情况下，可以进行 I/O 的配置。此时需要制作一张 I/O 表。对于 I/O 表的制作，并没有特别指定的制作软件，使用 Excel 也可以进行。

I/O 表表示在进行顺序控制器的布线时，将进行怎样的输入、输出连接。在了解了各个 I/O 点的功能时，应该将其写入到顺序控制器的注释文件。

在进行顺序控制程序编制之前，还需要大致确定顺序控制器中设备的使用范围。例如，如果将用于被控设备设定值设定的数据寄存器范围设定为"D1000"到"D1999"之间，则不能再将其用于其他的动作控制。

对于内部继电器，情况也一样。例如，可以将线圈"M100"至"M199"这个范围用于工件传送程序等，进行内部继电器应用范围的大致确定。像这样，在做好了准备工作的前提下再开始顺序控制程序的实际编制，而不是突然开始进行程序的编制，这样才能创建出一个好的顺序控制程序，同时也会使得创建过程顺利进行。

▶▶ 程序的编制

基础工作准备好之后，即可以开始程序的编制。在桌面 PC 上将程序制作到一定程度后，即可以实际写入到顺序控制器进行控制程序的调试。一个顺序控制程序的创建，重要的是预先做好准备工作，如仔细确认设备的动作等。

全面掌握整体的动作情况

I/O 表的制作

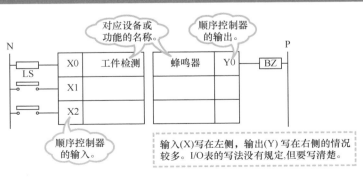

程序设计（动作的映像）

在进行程序的实际编制之前，还需要对程序进行一个总体安排和总体设计。在进行程序的总体设计之前，首先需要全面了解被控设备整体的动作情况。除此之外，还需要深入了解被控设备将来的实际用途。

▶▶ 动作的确认

首先需要掌握被控设备整体的动作情况，各个加工工序的作用是什么？各个加工工序将要实现什么样的动作？各个加工工序的动作条件是什么？如此等等，这些全部都需要掌握。如果被控设备有机械图纸的话，就应该尽可能拿到。即使拿到的机械图纸不是详细描绘的也没有关系。

如果不能得到被控设备机械图纸，手绘图纸也是可以的，所以可以尝试进行简单的绘制。如果清楚了各个加工工序的动作，则可以进行下一项的准备。

▶▶ 动作的导出

完成了被控设备所有的动作映像后，即可以进行各个加工工序动作的导出。在这个过程中，需要充分了解每个执行机构的作用，气缸按照什么样的顺序动作？对工件需要做什么？把这些动作全部导出。对所有加工工序均执行这样的操作，并仔细确认动作进行的顺序等，以免出现差错。

▶▶ I/O 的确定

I/O 是 Input/Output 的缩写，是顺序控制器的输入输出。如上一节所述，在确定 I/O 点布置方案时，需要制作一张 I/O 分配表，该表显示在顺序控制器的哪个端子上连接了哪个输入和输出设备。

　　如果此时设备的机械部分已经完工，机体布线已经完成，那么顺序控制器的 I/O 表就可以知道了。此时，接线人员也许正在帮忙进行 I/O 表的填写。

　　但是，通常来说，需要现场进行 I/O 表的制作，然后再交给接线人员进行接线。即使是自己动手进行接线时，也需要在接线之前完成 I/O 表的制作。

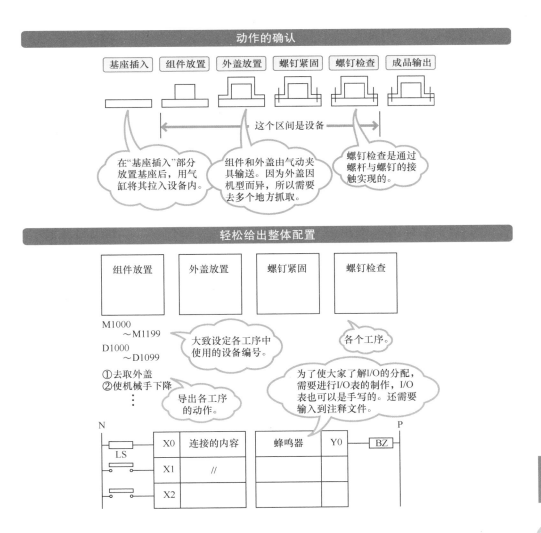

第
7
章

程序设计（设备编号的总体安排）

通过上一节介绍的工作，完成了设备动作的映像后，即可以开始进行设备编号的总体安排。在此，不需要给出详细的设备编号，而是给出其大致的范围安排即可。

▶▶ 设置设备的编号范围

在此，进行设备编号范围的确定。例如，在"组件放置"加工工序，预留和安排"M1000"~"M1199"的200个内部继电器，供该工序控制程序使用。之所以要做这样的预留和安排，是为了便于编程过程中的使用方便和阅读程序时的易于理解。

对于很久以前的早期顺序控制器，由于其内存容量是很少的，因此也只有有限数量的内部继电器。在这种情况下，设备编号的使用一般都是从未使用的空闲编号开始进行安排和使用的。如果不这样做的话，往往会出现内部继电器数量不足的情况。因此，一般尽量不要出现空闲、未使用的内部继电器。

此外，在较早的顺序控制器中，设备编号也是固定的，定时器线圈等也只能使用有限的几个。现在和以前不同，不再有这样的情况。当今的顺序控制器备有大量的内部继电器，不会出现内部线圈不足的情况，还未等内部线圈用完，程序的内存就会先溢出。因此，当今的顺序控制器的性能有了极大的提高，可以在一定程度上有余地的使用。

▶▶ 设备编号范围设置的好处

在此所进行的设备编号范围的确定，只是一个大致范围的确定。但是在几乎没有编程经验的情况下，大家可能不知道要使用的大致数量。如果是比较简单的动作控制，大概分配200个左右的内部继电器是没问题的。

例如，在组件放置加工工序的动作控制程序中，使用"M1000"~"M1199"的内部继电器进行加工动作的控制，并使用"D1000"~"D1099"的数据寄存器进行产品加工信息的记录和产品好坏的判断。

如此一来，根据设备编号就可以很方便地知道这是哪里的控制，程序编制时也无须担心内部继电器编号的问题。

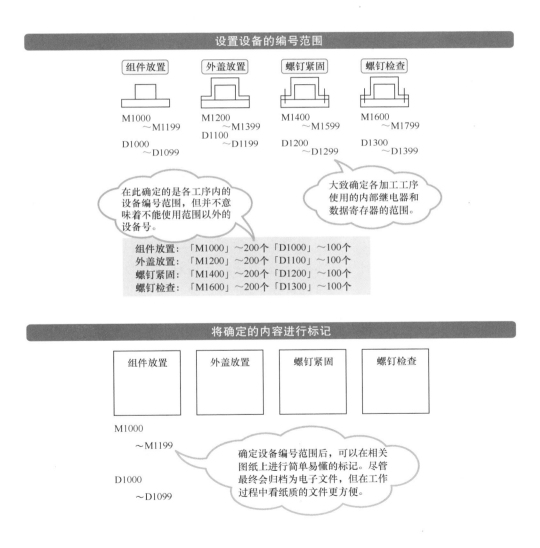

第 7 章 顺序控制程序的创建

程序设计（动作的思考）

因为必须同时考虑多个控制，难度不小，因此需要从设备整体来考虑。在此，我们首先以加工工序为单位进行控制，最后进行各加工工序控制的整合。

▶▶ 整体动作的思考

在完成了设备编号的范围设置后，此时还不能马上开始控制程序的编制。在程序设计开始之前，对控制程序进行的总体思考是很重要的，如果一开始的想法弄错了，以后是会吃苦头的。因此，在正式的控制程序设计开始之前，需要按照被控设备的控制对控制程序进行总体的思考和设计。在这项工作上即使多花费一些时间也是没有问题的。在此虽说是设计，但并不是画设计图纸，而是考虑如何进行控制。

最初开始进行控制程序设计时，可能对被控设备的运行和操作不是很清楚。例如，怎样进行移动和搬运才好呢？要怎么进行组件放置的动作呢？当需要进行仔细和具体的动作实现时，往往会发现，这些动作细节会变得更加不清晰。之所以如此，是因为需要从顶层的控制开始进行控制程序的设计。这种从顶层开始的设计也被称为自上而下的设计。

在不具有熟练设计能力之前，也可以从底层的设备动作开始进行控制程序的设计。这种从底层的设备动作开始进行的控制程序设计也被称为自下而上的设计。

▶▶ 加工工序动作的思考

在进行加工工序动作的思考时，需要确定当前加工工序的动作条件。此外，还应该尽可能地将当前加工工序的动作条件与其他加工工序相统一。当该条件成立时，使该加工工序进行 1 个周期的动作。例如，如果"螺钉紧固"的动作条件成立，则"螺钉紧固"加工工序将执行一个周期的"螺钉紧固"动作。像这样确定各加工工序的动作条件也是一项重要的工作。

对于工件转移工序[○]，例如"基座插入"工序，则可以以"基座插入"工序位置有工件、"组件放置"位置没有工件以及加工设备内的"工件转移"工序没有动作为条件，启动一次"基座插入"工序的动作进行。

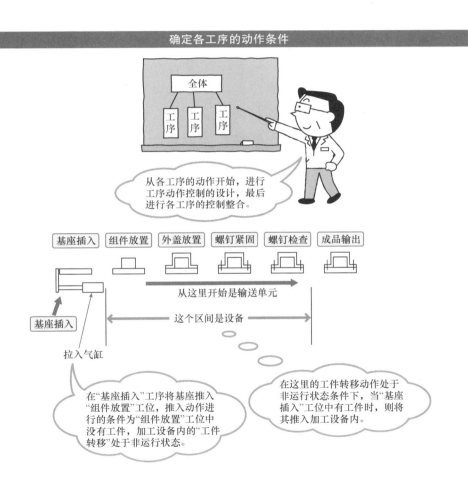

○ 工件转移工序，指将工件送入设备内进行加工的工序，"基座插入"工序以及加工设备内的"工件转移"工序均为进行工件转移的工序。

程序设计（各加工工序设备编号的确定）

在工件转移工序的动作完成后，以 100 个数据寄存器为单位，从数据寄存器 "D1000" 开始，对编号为 "D1000" 至 "D1399" 的数据寄存器进行数据转移操作。转移的数据为各加工工序中的加工信息。

▶▶ 各加工工序的动作条件

关于各加工工序的动作条件，也许可以设置为在工件转移工序动作完成后各加工工序即开始各自的加工动作。这个条件乍一看似乎也不错，但是如果在工件转移工序动作完成后，上一个加工工序的加工动作没有正常完成，则作为后续工序的当前工序的动作有可能动无法正常进行。

因此，可以将各加工工序的动作条件简单地完善为，"工件转移工序动作完成，各加工工序处于原点待机的状态下，工件在上一个加工工序中工件动作完成情况检测完成时"。该条件所使用的在各加工工序中设定的数据寄存器，在工件转移工序进行数据转移。

▶▶ 数据使用示例

以 "外盖放置" 加工工序为例，将 "D1101" 作为动作完成确认（ST 判断）的数据寄存器。数据寄存器 "D1101" 的值为 "0" 时，表示 "外盖放置" 的动作还未进行，则进行外盖放置的动作。此外，还要加上工件转移工序为非动作状态和检测到工件这两个条件。

在 "外盖放置" 加工工序加工动作的循环完成时，如果完成正常，则在 "D1101" 中写入数值 "1"。在发生故障等情况下，写入数值 "2"，如果 "D1101" 的值大于等于 "1"，则表示该工序的加工动作已经完成。

其他各加工工序的加工动作条件均按此进行设置。各加工工序动作完成后，工件转移工序开始动作。于是，由于加工数据的转移操作，会使得"D1101"的值重新变为"0"，当下一个工件转移过来时，该工序会再次进行工序的加工动作。

"螺钉紧固"加工工序会是怎样的情况呢？由于加工数据的数据转移操作，会使得"D1201"中的数值会具有诸如"1"这样，表示上一个加工工序的加工信息。"螺钉紧固"工序用"D1202"进行当前工序的加工信息记录。通过这种方法，还可以对动作条件的设定进行一些细微的改变。

例如，在"螺钉紧固"加工工序中，如果"D1201"中的数值为"2"，则当前工序不进行加工动作，直接在"D1202"中写入数值"3"，当前工序动作完成。如果前一加工工序的加工动作没有正常完成，则不需要之后的加工工序继续进行加工动作，因此当前工序不再进行加工动作。

各加工工序的分配

D1000："组件放置"的 ST 判断
D1001："外盖放置"的 ST 判断
D1002："螺钉紧固"的 ST 判断
D1003："螺钉检查"的 ST 判断

在"组件放置"加工工序的加工信息数据寄存器中，已经设定了"螺钉紧固"等其他工序的加工信息数据项。通过这样的预先设定，支持数据移动时 100 个数据寄存器的数据移动操作。这样的设定需要基于整个系统的考虑来进行。

按照自己容易理解的顺序设定。

"组件放置"加工工序使用从"D1000"开始的 100 个数据寄存器。
其他加工工序也相应地使用为其分配的 100 个的数据寄存器。
如下表所示。

	各加工工序使用的数据寄存器			
	组件放置	外盖放置	螺钉紧固	螺钉检查
"组件放置"的ST判断	D1000	D1100	D1200	D1300
"外盖放置"的ST判断	D1001	D1101	D1201	D1301
"螺钉紧固"的ST判断	D1002	D1102	D1202	D1302
"螺钉检查"的ST判断	D1003	D1103	D1203	D1303
⋮	⋮	⋮	⋮	⋮

在"外盖放置"加工工序中，如果外盖放置失败，则在该工序的 ST 判断数据寄存器中写入"2"。由于该 ST 判断数据在"外盖放置"加工工序中产生，所以写入数据寄存器被设置为"D1101"。

"外盖放置"加工工序在动作失败的情况下写入数值"2"，通过工件转移工序的数据转移，将数值"2"转移到"D1201"中，则"D1201"的值为"2"。"螺钉紧固"加工工序仅在"D1201"的值为"1"时动作。

"螺钉紧固"加工工序在"D1202"中写入"3"。在此工序中将工序加工动作完成表示为"3"，但也可以采用其他"0 以外的数值"来表示。由于最初设定的表示为"3"，所以在此写入"3"表示加工动作完成。

7-6

程序设计（加工工序动作）

本节进行各加工工序加工动作的设计。在此以"外盖放置"加工工序为例，编制工序的加工动作控制程序。

▶▶ 加工工序的动作条件

在控制程序的整体设计完成后，进行各加工工序加工动作的设计。在此，将表示各个加工工序动作完成情况的数据寄存器表示值统一设定为："0"表示加工动作未实施，"1"表示加工动作正常完成，"2"表示加工动作异常完成，"3"表示越过该加工动作。然后，将该值为"0"纳入到动作执行的条件中。

接下来需要整理出各加工工序的全部动作。在进行程序编制时，条件分支的应用是很重要，这在"外盖放置"加工工序的动作控制程序中可以看到。

在机型不同的情况下，需要放置不同的外盖时，通常需要根据机型的不同改变控制程序进行的动作。但是，在这个加工设备所进行的加工工序中，唯一不同的是取外盖的位置，也就是机械手气缸运动的目的坐标。因此，可以在保证程序动作相同的情况下，仅使外盖获取的坐标部分根据机型而变化即可。

▶▶ 加工工序的动作

如果每个不同外盖种类的获取使用不同的程序实现的话，则需要根据外盖的种类编制相应的动作程序。但是，如下页的图所示，在此不同的只是动作①中取外盖的位置，其他的动作都是一样的。也就是说，在上述动作①的部分，通过对内部继电器发出"去取外盖"的指令，然后通过几个内部继电器的通断来改变根据外盖种类设定的位置即可。其中，这个位置的改变通过赋予不同的位置坐标来实现。

在此，通过一个子程序进行不同目标位置的实现，在子程序中给移动到目标位置的执行指令赋予相应的位置信息来进行具体实现。其中，与执行指令一起发送的位置信息等值被称为指令参数。位置移动动作完成后，移动完成的信号再返回到主程序部分，使主程序的运行进入到下一个步骤。这是一个简单的子程序的例子。以下给出了基于分步控制画法描绘的程序示例。

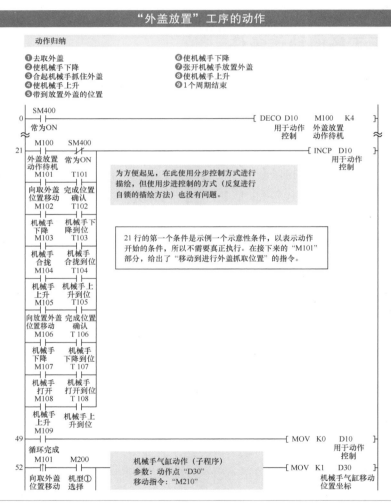

机械手气缸动作子程序中，在"D30"中写入移动目的地点，以脉冲型输出"M210"进行指令"MOV K1 D30"的一次执行。在此，为了进行这样的操作，专门制作了一个子程序，只需通过脉冲型指令的一次执行，在"D30"中写入目标位置坐标点。这种程序编制方法被称为结构化编程。

程序设计（条件分支）

本节介绍程序的条件分支。在此，通过"螺钉紧固"加工工序的动作控制程序进行介绍，请注意与上一节介绍的"外盖放置"工序程序的不同。

▶▶ 条件分支

首先，看看"螺钉紧固"加工工序的动作要求。如下页的上图所示，假设螺钉紧固的位置一共有 6 处（①～⑥点）。但是，根据机型的不同，需要进行螺钉紧固操作的位置也会有所变化。

下页的上图给出了不同机型需要进行螺钉紧固操作的位置。此时，如果什么都不思考就开始绘制梯形图程序的话，就需要绘制与机型数量相同的多个梯形图程序。另外，作为一个不好的例子，强行让一个程序执行不同的分支操作，可能会使得程序变得过于复杂。

▶▶ 没有分支的情况

如果不希望程序具有复杂的分支，可以考虑在一个程序中进行所有动作的描绘，然后通过一些条件控制跳过不需要进行的部分动作。在此，首先在"螺钉紧固"加工工序的动作控制程序中编制了①～⑥进行所有螺钉紧固的程序。

此时，在机型 2 的情况下，只需要跳过⑤、⑥的螺钉紧固，即可完成循环。这里重要的是，在⑥的紧固动作完成后，再给出循环完成信号。这样，无论是哪种机型的操作，都一定会在此给出循环完成信号。

在机型 2 的情况下，完成④的螺钉紧固后，没有另行给出一个周期完成的信号，而是利用螺钉紧固⑥完成后的周期完成信号。

这样，所有动作的控制程序就形成了一个统一的流程，即程序运行，按顺序完成各个动作，最后在给出循环完成信号的情况下结束程序。

如果采用这种动作控制梯形图程序画法的话，控制程序就不会有分支，而是一直按一条直线前进，这样的结构很容易掌握哪个部分的程序在工作。另外，通过条件分支，不需要绘制多个同样的动作，因此程序的外观也变得简单。在进行这样的程序绘制时，不需要的动作部分只需要进行跳跃就可以了，因此，动作程序的动作可以自由地改变。此外，这样的程序结构用分步控制的写法也很容易实现。

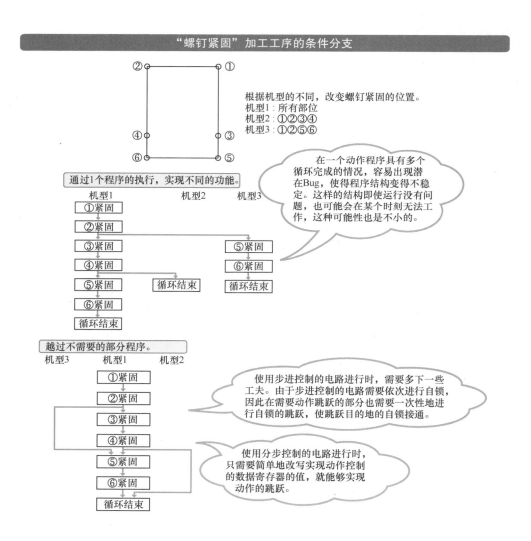

"螺钉紧固"加工工序的条件分支

根据机型的不同，改变螺钉紧固的位置。
机型1：所有部位
机型2：①②③④
机型3：①②⑤⑥

在一个动作程序具有多个循环完成的情况，容易出现潜在Bug，使得程序结构变得不稳定。这样的结构即使运行没有问题，也可能会在某个时刻无法工作，这种可能性也是不小的。

通过1个程序的执行，实现不同的功能。

机型1　　　机型2　　　机型3
①紧固
②紧固
③紧固　　　　　　　　　⑤紧固
④紧固　　　　　　　　　⑥紧固
⑤紧固　　循环结束　　循环结束
⑥紧固
循环结束

越过不需要的部分程序。

机型3　　　机型1　　　机型2
①紧固
②紧固
③紧固
④紧固
⑤紧固
⑥紧固
循环结束

使用步进控制的电路进行时，需要多下一些工夫。由于步进控制的电路需要依次进行自锁，因此在需要动作跳跃的部分也需要一次性地进行自锁的跳跃，使跳跃目的地的自锁接通。

使用分步控制的电路进行时，只需要简单地改写实现动作控制的数据寄存器的值，就能够实现动作的跳跃。

程序设计（电路结构）

顺序控制器的程序（梯形图）可以随心所欲地自由编制，这意味着根据程序编制方法的不同，有的程序简单易懂，有的程序却难以理解。

▶▶ 按加工工序进行制作

至此已经介绍了如何进行动作控制程序的编制，以下对几个重点问题再次进行强调。首先，务必要按各加工工序分别编制工序的动作控制程序，只有当一个加工工序的动作控制程序达到可以独立工作的程度时，才开始下一个加工工序控制程序的创建。

其次，请务必将手动操作的电路和自动操作的电路分开。手动操作的部分最好都在手动程序的部分进行实现。如果自动回路中也夹杂有手动操作的回路，就会使得动作控制程序成为他人很难看清和很难理解的东西。

最后，输出线圈的触点不得用于电路控制。在以前的介绍中，电路动作的部分先使用内部继电器实现，最后再将动作通过内部继电器的触点输出到顺序控制器的输出线圈（Y）。实际上，输出线圈也是可以进行自锁的，因此也可以用于电路的控制。但是，如果采用这种方法，当想用其他输出线圈进行电路动作输出时，输出线圈的改变将使电路处于无法输出的状态，因为原来创建的电路只有在使用原定输出线圈的情况下，控制电路才能正常工作，电路动作才能正常输出。

▶▶ 创建子程序以方便使用

在"7-6 程序设计（加工工序动作）"一节中，作者另外编制了机械手气缸动作部分的子程序。也许很多人会想，为什么要这么做呢？如果仅仅是一段用于问题介绍的程序，是不需要另行制作一个子程序的。

但在实际的控制程序中，在多处都需要使机械手气缸进行动作，而且在手动操作的部分也需要通过气缸进行动作。如果在每一个需要控制机械手气缸动作的部分，每次都编制一个相同的气缸动作控制程序，显然是不明智的，所以另行编制了只要放入移动目标位置就能轻松运行的子程序。

不仅仅是这样的气缸自动控制需要进行一个控制子程序的编制，作为结构化编程的一个方法，也有在主程序之外制作子程序的情形，所以需要积极使用。

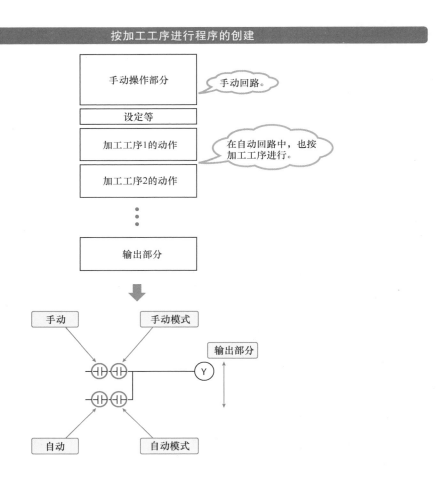

极简图解顺序控制原理和基本电路（原书第2版）

顺序控制器的参数设定

开始编制程序之前，请先进行顺序控制器参数的设定。虽然有时不进行参数设定顺序控制器也能工作，但由于这是一项非常重要的工作，所以务必要进行。

▶▶ 设定方法

在使用 Q 系列等高性能顺序控制器时，需要进行顺序控制器的参数设定。顺序控制器参数的设定画面如下页的上图所示，双击项目一览中的"参数" ➡ "顺序控制器参数"即可弹出该参数设定画面显示。在此画面下，即使改变了顺序控制器的参数，也不会直接反映出来。只有在按下画面下方的"设定结束"按钮后，才能使所做的参数设定改变生效。不想这种设定生效时，可以按"取消"按钮，取消所做的参数设定改变。

▶▶ 设定项目

首先要进行设定的项目是"设备设定"。在该项目中，确定将内部继电器和数据寄存器的哪个范围设定为锁存寄存器的区域。锁存寄存器是指即使关闭顺序控制器的电源寄存器中的内容也会保持不变的区域。如果将内部继电器"M100"所在的寄存器设定为锁存寄存器，并在电路中通过自锁进入了接通状态，此时即使重启顺序控制器，内部继电器"M100"也会继续保持接通状态。锁存寄存器是用于数据保持的数据寄存器。

接下来是要进行的是"程序设定"。如果不在此进行程序设定的话，顺序控制器内的程序就不会运行。Q 系列的顺序控制器可在顺序控制器内编制多个控制程序，因此需要通过该"程序设定"设定哪个程序进入运行状态。

在随后的"I/O 分配设定"中，可以进行串行通信等特殊功能单元的设定。特殊功能单元的设定从其开关的设定开始进行，相关设定内容均在各特殊功能单元的使用手册中有描述。需要注意的是，在将设定的参数写入顺序控制器后，需要重新启动顺序控制器后，设定的参数才能生效，因此在进行参数设定后不要忘记顺序控制器的重新启动。

此外，在"顺序控制器文件设定"中，可以设定顺序控制器内存储器的使用方式。例如，顺序控制器内有程序用的存储器和被称为标准 RAM 的存储器，在"顺序控制器文件设定"中可以将此标准 RAM 设置为文件存储器[⊖]。

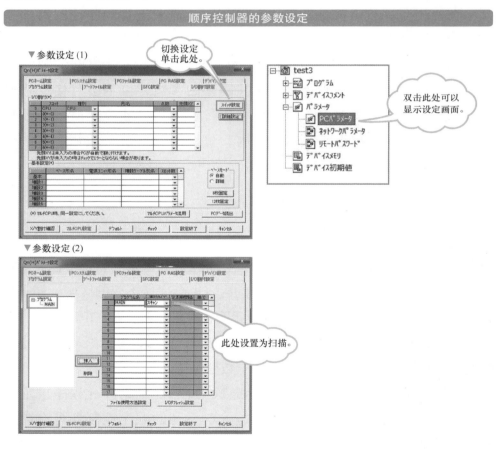

顺序控制器的参数设定

▼参数设定 (1)

切换设定单击此处。

双击此处可以显示设定画面。

▼参数设定 (2)

此处设置为扫描。

⊖ 文件存储器，三菱 PLC 除了具有"数据存储器"外，还有用于数据保存的专用区域，将其称为文件存储器。

极简图解顺序控制原理和基本电路（原书第 2 版）

程序编制

至此，已经完成了程序设计和顺序控制器参数设定的介绍，现在终于可以开始进行程序的编制了。如果理解了此前所做的介绍，现在就可以着手进行程序的编制了。下面以动作部分和原点复归部分为例进行程序编制的介绍。

▶▶ 动作部分

在此，还是以程序设计介绍中所使用的设备构成为例，考虑"组件放置"的加工工序，按顺序用步进控制的方式来进行动作控制程序的描绘。在动作回路的前面绘制出动作进行的条件，如果加工工序正常完成，则在数据寄存器"D1000"中写入数值"1"。因为此时还没有进行任何动作，所以数据寄存器"D1000"中的值为"0"，并输出到数据寄存器"M1100"。

在下一行中，如果转移工序处于自动模式下且非动作状态，"组件放置"加工工序未动作且检测到工位上有工件，则"组件放置"加工工序动作的线圈接通。该线圈的接通使得"组件放置"加工工序的动作程序开始执行。

"组件放置"加工工序动作的程序采用步进控制的方式进行，按操作顺序进行动作。下一页的图中省略了中间的一些加工动作，在加工工序动作的最后发出循环完成的信号，该循环完成的触点再解除步进控制开始时的自锁。

循环完成时向"D1000"写入"1"，这意味着"组件放置"加工工序动作已正常完成，并且使得线圈"M1100"变为断开状态，本工序的加工动作不会再次进行。

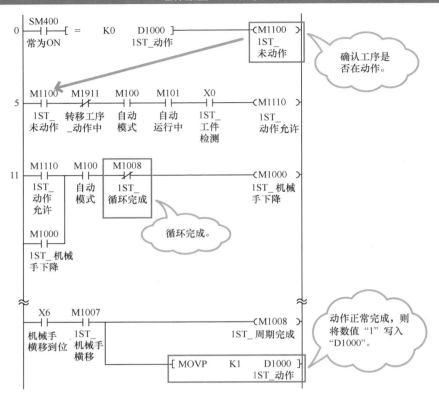

"组件放置" 工序的动作

▶▶ 复位操作

复位操作会使气缸等返回到初始位置，但如果所有的气缸同时进行返回操作的话将是非常危险的。在这个"组件放置"加工工序中，采用机械手进行组件的搬运。当机械手处于下降到位的状态时，如果进行机械手的横向移动，则可能会被卡住，同时也会损坏加工工序的工件和加工设备。

因此，首先要使机械手上升，然后再进行横向移动。在此，机械手上下移动用和横向移动用气缸的控制电磁阀使用双电磁线圈进行控制。之所以采用双电磁线圈进行控制，是因为如果采用单电磁线圈的话，在切断电源的瞬间气缸就会开始返回。对于机械手的抓取部分，即使是采用单电磁线圈控制也是没有问题的，但是，在进行高价值工件加工的情况下，为了不使其掉落，还是应该采用双电磁线圈进行控制。

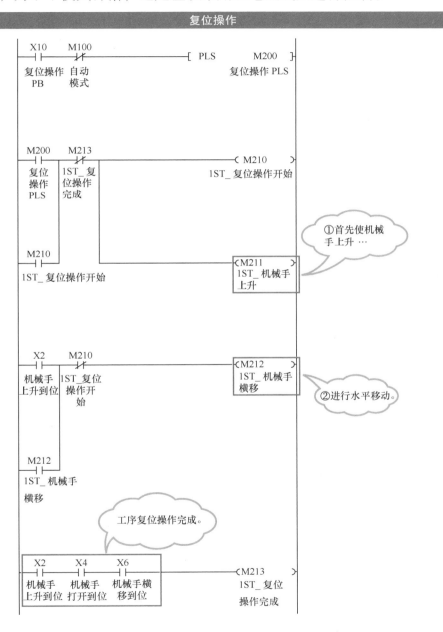

复位操作

①首先使机械手上升 …

②进行水平移动。

工序复位操作完成。

第7章

输出电路的制作

至此，控制系统自动动作部分的程序和复位操作部分的程序已经编制完成。但是，这样的电路还不能产生实际的动作，所以还需要进行输出电路的制作。

▶▶ 输出电路

虽然控制系统自动动作部分的程序和复位操作部分的程序已经编制完成，但如果就这样开始执行的话，电路会一直在内部继电器上运行。但是，内部继电器的动作只能在顺序控制器内进行，实际上无法使气缸等动作。

为此，还需要通过内部继电器使顺序控制器输出用线圈（Y）动作。输出线圈连接到顺序控制器的输出端子，每个端子都有相应的编号，在应用时需要加以确认。使用输出线圈（Y）的程序绘制方法与使用内部继电器时的情况相同，所不同的是，如果输出线圈（Y）接通，则会在顺序控制器输出端子上送出一个实际的输出信号。

为了实现加工设备的自动运行，需要使用顺序控制器的内部继电器及触点进行自动控制电路的实现。为此，需要预先制作进行自动运行工作控制的控制电路，最后制作进行实际信号输出的输出电路。由于输出电路是信号输出的最后一步，因此请避免在绘制输出用线圈后再使用其触点制作控制电路。这么做的目的是能够使得梯形图具有很高的自由度，因此在通常情况下都采用这样的输出电路制作方法。除非特殊情况的需要，否则还是需要坚持这样的原则，避免混乱的产生。

▶▶ 双电磁线圈和单电磁线圈的区别

在如下页的图所示的电路示例中，在第一行的工序动作中抓取部件的气缸使用了单电磁线圈。使用单电磁线圈时，线圈接通状态下机械手执行合拢操作，线圈断开状态下机械手就会打开。如果要合拢机械手，必须始终保持线圈接通的持续输出。

使机械手上下移动和左右横向移动的气缸使用双电磁线圈。使用双电磁线圈时，当线圈接通时气缸会产生一个动作，此时即使输出断开，气缸的动作也会继续。例如，使机械手下降时，输出下降用的输出信号，机械手开始下降，此时切断下降用信号的输出也没有问题。若要使其上升，则需要输出上升用的输出信号。与单电磁线圈相比，使用双电磁线圈时需要两倍数量的 I/O 点。

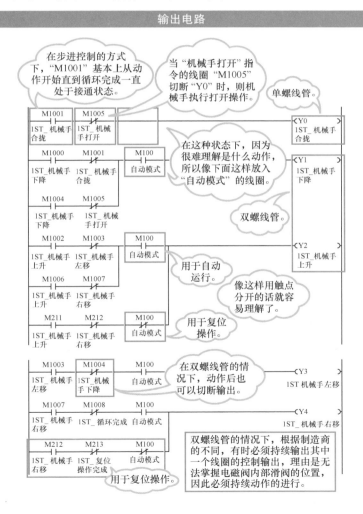

输出电路

第 7 章　顺序控制程序的创建

电动执行机构的控制

最近，随着电动执行机构的价格降低，其使用也变得越来越普遍。电动执行机构的结构也像气缸一样紧凑，动作控制也很简单，所以也会有使用的机会。

▶▶ 专用程序的编制

电动执行机构与气缸不同，电动执行机构可以停止在行程范围内的任一位置。因此，从电动执行机构的停止点开始，通过 BCD 输出或 MOV 指令等从顺序控制器输出点发出动作信号后，电动执行机构便可移动到该目标点。

例如，可以将电动执行机构的第一点设定为完全关闭的位置，第二点设定为完全打开的位置，第三点设定为中间位置。此时，如果想移动到中间位置时，则可以先通过 BCD 输出或 MOV 指令等输出一个位置 3 的位置给定，然后再输出一个开始信号，电动执行机构即可移动到给定的位置 3。

虽然是一个输出移动目标位置设定并输出开始信号的简单程序，但是在复杂的动作控制程序中进行这部分程序的描绘也将是很麻烦的，所以为了使得动作控制程序编制变得简单，需要编制用于电动执行机构控制的专用程序。

在此，简单地制作了通过 BCD 指令进行的电动执行机构专用位置控制程序。如果通过 MOV 指令进行的话，由于 MOV 指令的数值是采用十六进制表示的，所以需要输出十六进制的位置给定值。BCD 指令采用十进制表示，所以无法使用所有的有效编码。另外，在专用位置控制程序的编制方面，无论采用哪种指令进行，程序编制的方法都没有特别的限制。

▶▶ 使用方法

电动执行机构专用位置控制程序使用起来很简单。首先通过电动执行机构使用的移动目标位置数据寄存器，将移动目标位置写入该数据寄存器中，然后再输出一个执行脉冲，通过该执行脉冲使电动执行机构专用程序动作。

因此，在动作控制程序中，只需将要移动到的目标位置传送到电动执行机构使用的移动目标位置数据寄存器，再发出一个执行脉冲即可。如果要更改移动的目标位置，只需更改要传输到该数据寄存器的值，仅此而已就可以实现电动执行机构的控制。这样，只需要在动作控制程序内制作动作的控制逻辑，然后再简单地将电动执行机构专用位置控制程序整合成一个整体即可。

专用位置控制程序与动作控制程序

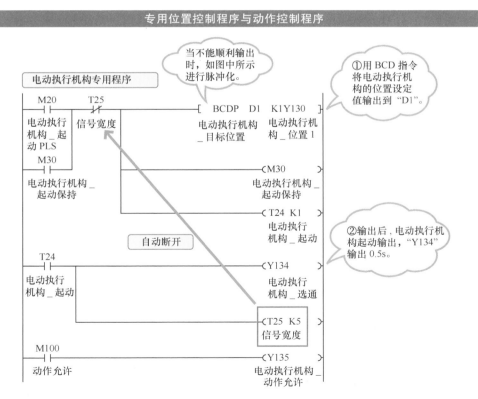

第 7 章　顺序控制程序的创建

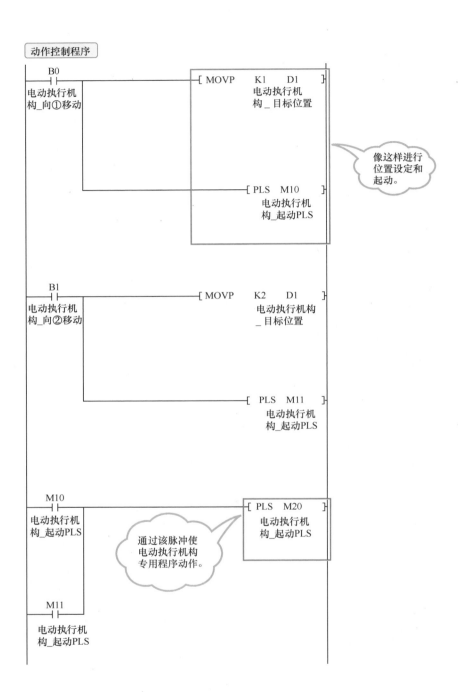

7-13

I/O 确认

在将动作控制程序写入顺序控制器之前，一定要进行程序 I/O 端口的确认。即使程序再正确，I/O 设置错误也无法正常运行。另外，被控对象如果是运动的部件还可能带来很大的危险，所以一定要进行 I/O 确认。

▶▶ 输入确认

输入端口的确认很简单，只需要接通顺序控制器的电源，使传感器等工作正常，即可进行输入端口的确认。需要注意的是，在进行输入端口的确认时，务必将顺序控制器的 RUN/STOP 开关置于 STOP 侧，使其停止运行。

如果有压缩空气进入气缸等设备时，想通过手动操作推动气缸活塞运动将是很困难的。此时，可以排出气缸内的压缩空气，再通过手动操作推动气缸活塞运动，并在此状态下移动气缸活塞至气缸传感器接通。此时，顺序控制器就能够接收到传感器的接通信号，以进行监视和确认。

输入端口的确认需要对照 I/O 表，对所有的输入进行检查和确认。如果发现有实际的输入端口与 I/O 表不一致这样的错误情况，则需要修改顺序控制器的接线或 I/O 表。有时还会出现这样的情况，明明传感器有反应，连接到顺序控制器的接线也是正常连接的，传感器信号却没有输入到顺序控制器。这种情况可能是传感器用的电源与顺序控制器的电源不是同一个而引起的。此时，需要将驱动传感器的电源负极连接到顺序控制器的 COM 端子上。

▶▶ 输出确认

输出端口的确认需要通过设备测试来进行。首先通过 PC 端的菜单"联机" ➡ "调试" ➡ "从设备测试中打开"，进入到设备测试画面。然后从该画面将需要进行输出的端口进行强制，将其状态设为接通的 ON 的状态，以进行输出端口的动作确认。此时，需要注意的是，务必使顺序控制器处于 STOP 的停止状态。因为如果有程序运行，通过强制设定的状态只能输出一个扫描周期的时间。

在熟悉了顺序控制器的程序制作后，也可以先将控制程序写入到顺序控制器，再用快捷键进行输出测试。习惯了以后可以去尝试一下。

设备集中监视器

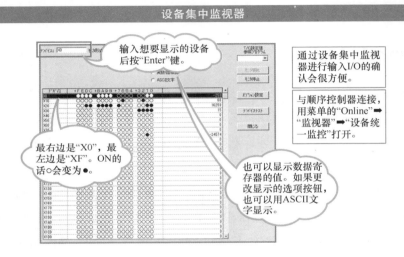

输入想要显示的设备后按"Enter"键。

通过设备集中监视器进行输入I/O的确认会很方便。

与顺序控制器连接，用菜单的"Online"➡"监视器"➡"设备统一监控"打开。

最右边是"X0"，最左边是"XF"。ON的话○会变为●。

也可以显示数据寄存器的值。如果更改显示的选项按钮，也可以用ASCII文字显示。

设备测试

输入想要为 ON 的输出线圈。

通过按钮操作。

写入值后，按"设定"按钮生效。

数据寄存器的值也可以变更。在这里输入数据寄存器的编号。

进行输出 I/O 确认时，通过设备测试进行将很方便。此时，CPU 进入 STOP 状态。在 RUN 状态下，由于程序正在动作，所以强制的输出在 1 次扫描后会通过程序关闭。

连接到顺序控制器，通过菜单的"调试" ➡ "当前值变更" 打开。

7-14

顺序控制器的程序写入和验证

程序编写完成后，即可以写入顺序控制器进行程序的实际运行验证。此时，即使程序在桌面 PC 上能够动作正常，但在写入到顺序控制器进行实际运行时，程序一般都不会按照预定的动作进行。

▶▶ 顺序控制器的程序写入

当程序编制完成到一定程度时，即可以写入顺序控制器进行程序的实际试运行，进行程序动作的验证。

首先，将顺序控制器的 RUN/STOP 开关推到 STOP 侧。要进行这样的操作，即使顺序控制器处于 RUN 的状态，也可以从远程将其置入 STOP 状态。但这样的操作具有一定的危险性，因此在刚开始使用顺序控制器，还没有熟悉之前，还是先从其处于 STOP 状态的情况下，进行程序的写入。

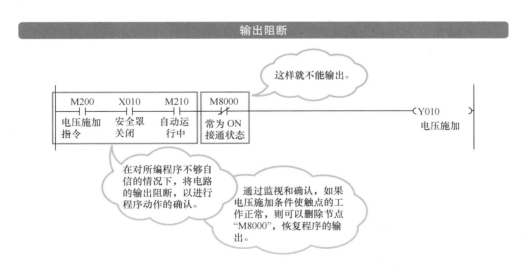

第 7 章

如果对已编写的程序还不够自信，则可以通过顺序控制器的"运行时常为接通的 ON 状态"的触点等在输出电路中的插入，阻断输出线圈的输出动作，以便在最初的阶段对程序的动作进行安全的监视和验证。对于蜂鸣器和指示灯等，一般不会出现危险情况的设备，也可以不采用这样的措施。但是对于气缸等设备，如果突然做出预定外的动作将会是非常危险的，所以需要在对电路的输出进行仔细确认之后才能允许输出信号的输出。

在对输出电路进行阻断处理后，即可以将 RUN/STOP 开关推到 RUN 侧，起动顺序控制器的运行。

▶▶ 动作和调试

现在，终于可以进行程序的启动了。在监控模式下监控电路状态的同时，检查程序是否按照自己所想的动作进行动作。从这里开始的工作将非常辛苦，要一边监视，一边一个一个地进行问题的修正。

在这个过程中，首先进行手动电路的检查和验证，确认手动电路的全部动作正常。当手动电路的全部动作都正常后，可以试着进行自动电路动作的检查和验证。对于自动电路部分，如果电路中有错误存在，电路可能突然会进入不工作的状态。此时需要监视并检查是哪个条件存在问题，然后进行修正。这样的工作被称为调试。

在电路调试期间，应修正超时等电路错误。超时是指对于具有动作时间测量的情况，如果动作时间异常时，会使得动作的时间超出预定的时间，从而使电路产生错误，并使设备停止运行的电路。一般来说，在调试阶段的最后进行超时等异常电路的创建也是没有问题的。

程序正常运行后，最后可以进行一些"极端测试"。通过一些正常不可能出现的情况，对电路的动作进行测试。所有这些测试都完成后，也就完成了程序的调试了。

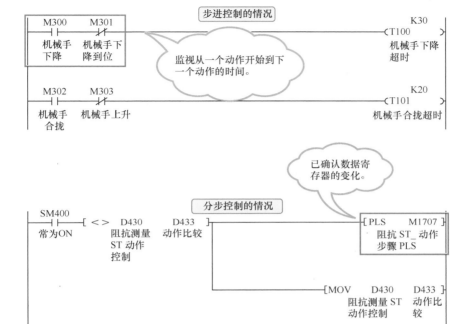

超时监视回路测定各动作执行的时间，若因设备异常使得动作时间超过预定值时，停止动作的执行。在步进控制的情况下，需要逐个动作制作超时监视电路，但在分步控制的情况下，可以像该电路这样进行信号获取。

程序质量

　　即使是实现同样动作的程序，也有好的程序和坏的程序之分。别人看了容易理解的程序，一般被认为是一个好的程序。

▶▶ 写得通俗易懂

　　在进行控制程序的编写时，需要注意将程序写得漂亮一些。一般来说，要将各个加工工序的动作控制程序分开编写，并将条件等电路汇总到加工工序动作控制程序的起始部分。输出用的电路需要汇总到程序的最后部分。另外，为了保持程序的整洁，也要尽量将程序排列得规整一些。

　　在进行控制程序的编写时还需要按照动作的顺序进行编写。而且重要的是，要写一个自己能看懂的程序。这并不是说要编写一个非常个性化的程序，因为如果连自己都看不懂的话，别人就更不会明白。

▶▶ 不要隐藏 Bug

　　程序既然是由人来编写的，自然就会有出现错误的可能。在此之所以将其称为错误，是因为大多数这样的程序错误通常会在调试的过程中加以修复。麻烦的是，根据不同的时机，会做出与通常不同动作的程序错误。如果出现了运行 100 次，却只出现 1 次与平时不同动作的错误，很多情况下可能不能马上找到问题的原因。在这样的情况下，需要一边监视程序的运行一边进行错误的寻找。只要有错误出现，就一定会有原因。

　　有时也会因为动作控制程序制作方法的问题，使得控制程序产生错误。例如解除设备异常的异常复位按钮的程序设置。通常情况下，需要用该异常复位按钮解除发生异常时的自锁线圈。根据该解除条件的设定，有时可能只有在异常发生过程中时异常复位按钮的功能才有效。

　　因为是解除异常，所以在异常发生过程中进行动作当然是正确的。

但是，如果像如下页上图所示的那样，在程序上将"异常发生过程中"这个状态作为异常解除的条件，那么当以某种表示的"异常发生过程中"状态的线圈断开时，就只剩下电路的自锁了。在这样的情况下，就无法解除该自锁。如果只是为了实现一个在发生异常时进行自锁解除的异常复位按钮，就没有必要为其设置条件。没有条件也就没有问题。

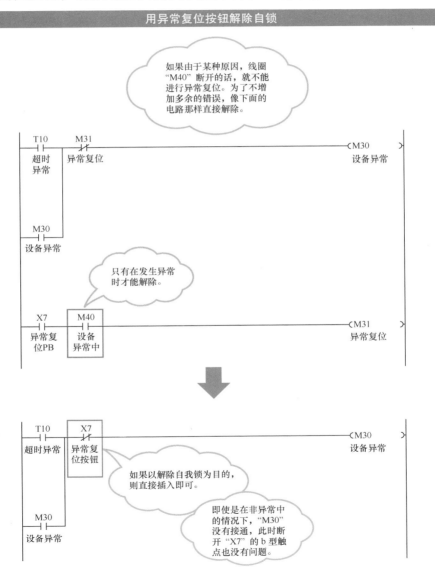

用异常复位按钮解除自锁

缓冲存储器的存取

在此，在简单介绍特殊功能单元的基础上，附带介绍一下与特殊功能单元进行信息交换时使用的缓冲存储器。

▶▶ 特殊功能单元（智能功能单元）

在顺序控制器中，有时会安装有一种被称为特殊功能单元（智能功能单元）的控制模块。在通常的输入输出操作中，如果顺序控制器CPU 内的动作控制程序进行输出线圈 "Y" 的输出，则将直接输出到顺序控制器的输出端子上。如果输入端子上有输入信号，则直接反映到 CPU 内的控制程序中。

如果顺序控制器中安装有特殊功能单元的话，则情况会有一些变化。特殊功能单元的 I/O 操作不像 CPU 的信号输入那样，将输入的比特位直接传递给 CPU，而是先由特殊功能单元进行一定程度的数据处理，然后再将处理后的数据保存在特殊功能单元自身的缓冲存储器中，供 CPU 进行读取。

例如，使用串行通信特殊功能单元（串行通信模块）与外部设备进行通信时，如果有外部设备向串行通信特殊功能单元传输数据时，串行通信单元则进行数据的接收，并将接收到的数据进行处理，将外部设备传输来的数据进行数值化，以便于人类的理解，然后再将其保存在串行通信特殊功能单元的缓冲存储器中。

数据保存到串行通信特殊功能单元的缓冲存储器后，特殊功能单元会向顺序控制器的 CPU 发出 "有数据接收到" 的信号。顺序控制器的 CPU 则通过对该信号的监视，将缓冲存储器内的数据读入到 CPU。

▶▶ 缓冲存储器

缓冲存储器是特殊功能单元自身具有的存储器。特殊功能单元处理的数据通过该缓冲存储器提供给 CPU。

若要将数据从特殊功能单元的缓冲存储器读入 CPU，则需要使用"FROM"指令来进行。此外，特殊功能单元也有相应的 I/O 端口，亦即，顺序控制器为所安装的每个特殊功能单元均分配有特定的输入触点"X"和输出线圈"Y"。在特殊功能单元的缓冲存储器中有数据的情况下，会通过相应的输入触点"X"变为 ON 的状态进行告知。同样地，如果想让特殊功能单元动作，则可以通过相应的输出线圈"Y"来进行。

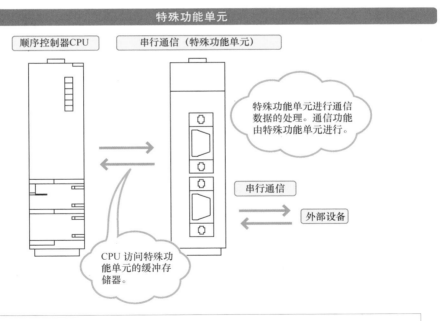

特殊功能单元

在此以串行通信特殊功能单元为例进行介绍。当外部设备通过串行通信发送数据时，串行通信特殊功能单元进行通信数据的处理。串行通信单元自动处理数据并将其传输到自己的缓冲存储器。

串行通信单元在处理传输数据的同时，会告诉 CPU "有数据接收到"。CPU 在接收到该信号后，从缓冲存储器中读出外部设备传输过来的数据，至此一次数据传输完成。

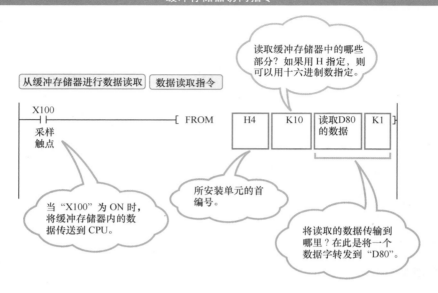

从缓冲存储器进行数据读取　数据读取指令

读取缓冲存储器中的哪些部分？如果用 H 指定，则可以用十六进制数指定。

所安装单元的首编号。

当"X100"为 ON 时，将缓冲存储器内的数据传送到 CPU。

将读取的数据传输到哪里？在此是将一个数据字转发到"D80"。

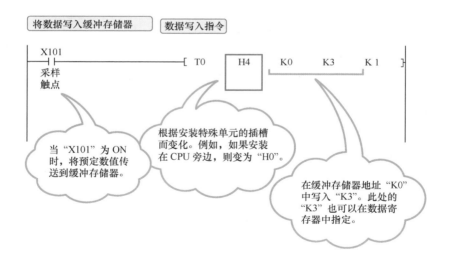

将数据写入缓冲存储器　数据写入指令

根据安装特殊单元的插槽而变化。例如，如果安装在 CPU 旁边，则变为"H0"。

当"X101"为 ON 时，将预定数值传送到缓冲存储器。

在缓冲存储器地址"K0"中写入"K3"。此处的"K3"也可以在数据寄存器中指定。

串行通信（概述）

顺序控制器的串行通信按照 RS-232C 的标准进行。因为可以从通信对方那里获取很多数据，所以可以进行广泛的控制。

▶▶ 串行通信

在此对基于 RS-232C 标准的串行通信进行一个最低限度的介绍。如下一页的上图所示，串行通信使用一个 D 形的插头，这是一个被称为 D-sub 的连接器，是一个 9 针的物理连接器。该连接器内分布有串行通信所需要的信号线，通过这些信号线即可进行串行通信，进行串行通信的端口通常也称为串行接口。

如下一页上图的接线图所示，连接器中 2 号引脚的 RX（RD）用于数据接收，3 号引脚的 TX（SD）用于数据发送。如果将左侧连接器的发送 TX 连接到右侧连接器的接收 RX，则可以在右侧连接器上接收来自左侧连接器发送的数据。同理，右侧连接器上发送 TX 引脚也可以采用同样的连接方式，则可以实现左右两侧之间的双向通信。这种连接方式被称为交叉连接，采用这种连接方式的电缆被称为交叉电缆。

在下一页上图所示的接线图中，除了 1 号、9 号引脚以外的所有引脚都进行了连接，但实际使用时的连接还需要参考连接设备的手册进行。一般来说，2 号、3 号及 5 号引脚必须连接，其他的引脚大多都可以省略。

▶▶ 通信设置

完成通信线的接线后，还需要进行通信的设置（如下一页的下图所示）。在此，将通信方式设定为无顺序方式。无顺序通信方式是指通信双方的设备之间不进行发送或接收的确认，而是采用单方面发送的方式。因为不进行数据的检查，所以可靠性会有所下降，但是因为使用简单，所以经常被采用。

　　通信设置，需要进行通信速率、数据位等的设定。虽然不需要详细说明各项设定的内容，但是只要通信双方的设备设定相同，通信即可以顺利进行。

　　串行通信的设置需要根据串行通信所连接设备的具体要求进行。通信设置的具体操作是通过串行通信特殊功能单元的开关设定进行的，通过顺序控制器参数内的"I/O 分配设置"➡按下"开关设置"按钮，即可进行设置。

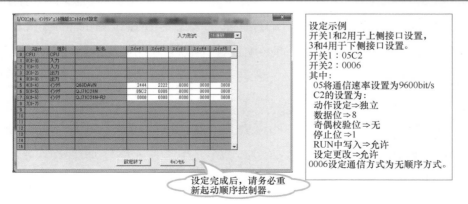

布线方法（针脚分配）

在串行通信接口上具有这样的D-sub9针连接器。计算机上也附带有这样的接口。

根据连接设备的不同，也有端子台的情况。

接线图

(D-Sub 9 针阴)　　(D-Sub 9 针阴)

RX(RD)② —— RX ②
TX(SD)③ ╳ TX ③
DTR(DR)④ —— DTR④
GND(SD)⑤ ╳ GND⑤
DSR(ER)⑥ —— DSR⑥
RTS(RS)⑦ ╳ RTS ⑦
CTS(CS)⑧ —— CTS ⑧

连接一般都需要使用②、③、⑤，其余引脚的连接需参考连接设备的手册进行。

开关设置

设定示例
开关1和2用于上侧接口设置，3和4用于下侧接口设置。
开关1：05C2
开关2：0006
其中：
　05将通信速率设置为9600bit/s
　C2的设置为：
　动作设定⇒独立
　数据位⇒8
　奇偶校验位⇒无
　停止位⇒1
　RUN中写入⇒允许
　设定更改⇒允许
　0006设定通信方式为无顺序方式。

设定完成后，请务必重新起动顺序控制器。

极简图解顺序控制原理和基本电路（原书第2版）

7-18

串行通信（专用指令）

完成串行通信的接线和设置后，就可以开始进行通信程序的编写了。此前对访问特殊功能单元缓冲存储器的指令进行了介绍，在此首先通过专用指令接收数据。使用的 CPU 假定为 Q 系列。

▶▶ 程序（数据接收）

在进行串行通信程序的制作之前需要进行串行通信的设置，设置顺序控制器串行通信参数中的开关，并将所设置的参数写入到顺序控制器中。写入完成后，还需要重新起动顺序控制器。在重新起动时，通信设置即会生效。

在下一页所示的串行通信程序（数据接收）中，在"D200"以后预先写入了串行通信的相关设置。之所以是"D200"以后，是因为程序中［G. INPUT U0C D200 D210 M602］指令的指定。

例如，"D200"为接收信道设置。在此因为是通过参数"K1"进行设定，所以使用的是信道 1。如果要使用另一个 232C 端口，则可以通过参数"K2"进行设定。在进行这样的设定后，"D200"中就有相应的设定值了，从而可以执行 G. INPUT 指令。

当有接收数据进入接收数据缓冲区时，触点"X0DE"会接通。也就是说，串行通信特殊功能单元接收到数据后，触点"X0DE"就会成为 ON 的接通状态，所以以"X0DE"为条件将接收数据读出。

在这个通信数据接收程序中，每次 RS-232C 接收数据时，接收到的数据就会进入"D210"开始的单元。但是，需要注意的是，接收到的数据是以 ASCII 码进行表示的，如果对方的设备发送数字"3"的话，顺序控制器就会收到数据"33H"（H 表示十六进制数据）。必要时可将该数据转换成数值。

▶▶ 程序（数据发送）

　　当顺序控制器将数据请求指令发送给另一方设备时，另一方设备就会将数据发送过来。像这样，也可以实现指令的发送。因为发送和接收的数据都是以 ASCII 码进行表示的，所以需要进行相应的处理。

　　进行发送数据时，将 G. INPUT 改为 G. OUTPUT 即可，发送用和接收用的数据寄存器要分别指定不同的地址。

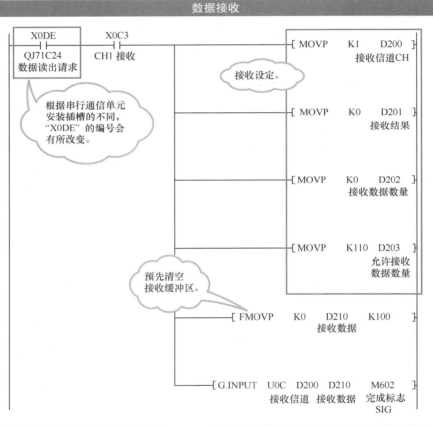

数据接收

接收数据最好无条件地读入到 CPU。如果对数据接收附加条件，如是否执行一次 CPU 读取需要判断该数据是使用还是丢弃附加条件，则会因为接收缓冲器数据累积而出现错误。

即使 RS-232C 端口接收到数据，也不会立即反映到 CPU 上。在串行通信特殊功能单元中有被称为缓冲区的数据临时保存区域。在 RS-232C 端口接收到数据时，数据被临时存储在缓冲区中，CPU 需要从这个缓冲区进行数据的读取。

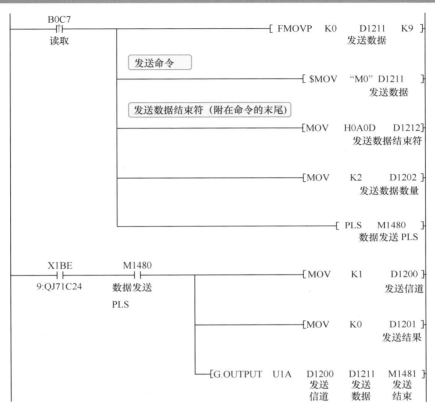

B0C7			{ FMOVP	K0	D1211	K9 }

B0C7
读取

{ FMOVP K0 D1211 K9 }
发送数据

发送命令

{ $MOV "M0" D1211 }
发送数据

发送数据结束符（附在命令的末尾）

{ MOV H0A0D D1212 }
发送数据结束符

{ MOV K2 D1202 }
发送数据数量

{ PLS M1480 }
数据发送 PLS

X1BE   M1480
9:QJ71C24   数据发送
            PLS

{ MOV K1 D1200 }
发送信道

{ MOV K0 D1201 }
发送结果

{ G.OUTPUT U1A D1200 D1211 M1481 }
发送   发送   发送   发送
信道   数据   结束

通过 RS-232C 端口与另一方设备的通信，简单来说，就如同顺序控制器对对方设备说"把数据给我！""改变设定！"等命令。这样的命令一般被称为"指令"。

将"D1211"开始的发送数据写入串行通信的缓冲存储器中，写入后自动向外部发送。

如果不能顺利发送的话，试着将 D-sub 9 的 7 号、8 号引脚进行短接。

串行通信（基本指令）

"TO"、"FROM"指令被称为特殊功能单元缓冲存储器的访问指令。在上一节中，采用串行通信专用指令对串行通信特殊功能单元的缓冲存储器进行了数据读取。在此，使用特殊功能单元缓冲存储器访问指令，直接从特殊功能单元的缓冲存储器中读取数据。这基本上是一种任何特殊功能单元都能使用的指令。

▶▶ 通信设定

需要注意的是，在使用这两条指令时，有必要仔细核查特殊功能单元缓冲存储器的访问地址。在各个特殊功能单元的使用手册以及技术文档中均有这方面的详细介绍，需要按照介绍进行仔细确认。

在此通过实际设备的使用进行介绍。这里实际使用的设备是 A 系列顺序控制器的计算机链接单元。

因为 A 系列顺序控制器没有上节介绍中所用到的串行通信专用指令，所以需要采用特殊功能单元缓冲存储器访问指令进行串行通信数据的接收。另外，A 系列顺序控制器的计算机链接单元也没有开关设定这一项，而是以在特殊功能单元面板上的机械开关进行通信方式的设定。首先，通过面板上的 DIP 开关进行通信方式的设定。然后再通过模式设定开关（圆形的设定开关）进行串行通信模式的设定，如果要将串行通信模式设定为无顺序通信方式的话，则需要将模式设定开关设定为"5"。

```
  M9036    X0A7                                  ┤ TOP  H0A   H100  H0A0D  K1 ├
  常为     实时
  ON       信号

                                                 ┤ TOP  H0A   H10B  K1    K1 ├
```

在"H0A"号特殊功能单元的"H100"缓冲存储器单元中写入一个"H0A0D"。

不进行 CD 引脚状态检查的设定。在对方设备不需要该信号时，设定"不要进行"。

缓冲存储器"H100"存储的是命令结束符，是附加在通信指令末尾的结束代码。"H0A0D"是用 ASCII 码表示的"CR"和"LF"。结束符也需要与通信对方的设备要求相一致。

▶▶ 发送和接收

当外部设备发送一次数据时，计算机链接单元进行该数据的接收，在接收到数据后将停止后续数据的接收，以免淹没刚刚接收到的数据。此时，所接收到的数据被保存在计算机链接单元的缓冲存储器中，所以必须进行及时的读取。

在下一页图所示的串行通信程序中，通过第一个 FMOV 指令，在从"D200"开始的 50 个数据寄存器写入数据"0"，将数据接收区域清零，为接收数据做好准备。随后的 FROM 指令，从计算机链接单元的缓冲存储器地址 H80 读取数据，并将数据传送到数据寄存器"D248"。

这是预先读取缓冲存储器中的接收数据数量，并将接收数据的数量写入索引寄存器（详见 7-24 节）"Z"。

最后一条 FROM 指令进行实际的数据接收操作，将"H81"开始的缓冲存储器中接收数据数量的数据传送到"D200"开始的数据寄存器中。

第 7 章

最后，接通线圈"Y0B1"，通知计算机链接单元"数据接收完成"。

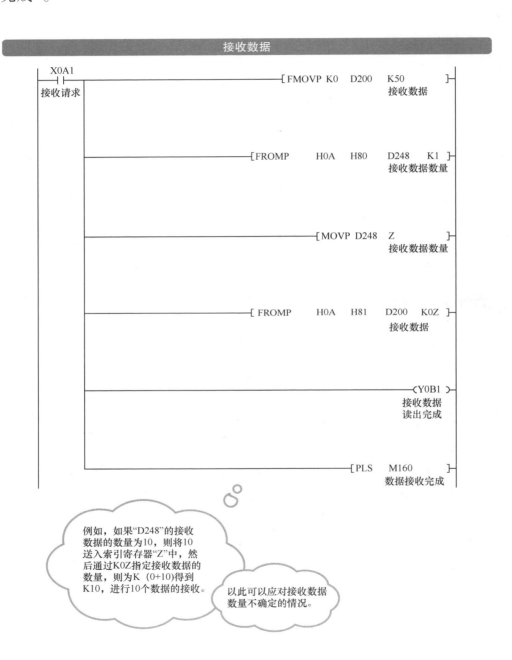

接收数据

```
X0A1
├─┤├──┬──────────────────────────────────[ FMOVP  K0    D200    K50 ]
接收请求 │                                              接收数据
        │
        ├──────────────────────────────[ FROMP   H0A   H80   D248    K1 ]
        │                                              接收数据数量
        │
        ├──────────────────────────────────[ MOVP  D248   Z ]
        │                                              接收数据数量
        │
        ├──────────────────────────────[ FROMP   H0A   H81   D200   K0Z ]
        │                                              接收数据
        │
        ├──────────────────────────────────────────( Y0B1 )
        │                                              接收数据
        │                                              读出完成
        │
        └──────────────────────────────────[ PLS   M160 ]
                                                       数据接收完成
```

例如，如果"D248"的接收数据的数量为10，则将10送入索引寄存器"Z"中，然后通过K0Z指定接收数据的数量，则为K（0+10)得到K10，进行10个数据的接收。

以此可以应对接收数据数量不确定的情况。

模拟量的转换（概述）

模拟量与数字量之间的转换包括 D/A 转换和 A/D 转换两种情形。D/A 转换将数字量转换为模拟量，用于顺序控制器的模拟量输出。A/D 转换将模拟量转换为数字量，用于顺序控制器的模拟量输入，从而在顺序控制器内进行处理。

▶▶ 什么是模拟量

想象一下一个按钮的操作。按照之前的介绍，当按下按钮时，开关接通（ON），松开按钮时，开关断开（OFF）。像这种，当按钮被按下时，开关为 ON，否则为 OFF，没有其他中间情形的量，被称为数字量。

在模拟量的情况下，在按下按钮时，按钮反馈的不是简单的开关接通，而是按钮按下的深度。将这个深度量作为数值导入到顺序控制器的操作被称为 A/D 转换，完成此操作的特殊功能单元被称为 A/D 单元。例如，假设按钮完全释放时其反馈的深度值为 0，在按钮被按下时该值则会增加，按到最终位置时的值为 4000。

对于通常的输出，情况也是一样，要么是接通（ON），要么是断开（OFF）。如果想要输出 1~5V 的中间值，就需要通过 D/A 转换来进行，实现 D/A 转换的特殊功能单元就是 D/A 单元。D/A 单元可以实现输出值的连续变化。

▶▶ 布线和参数

如下一页的图所示是一个测量电路电流的简单电路。在该电路中，由交流电源向负载供电，电路中的最大电流可达 100A。CT 是减小电流幅值的电流互感器，用于交流电流的测量。CT 具有筒状的结构，导线在里面穿过。当导线中有电流流过时，CT 的二次侧线圈中也会有电流流过。

当导线中流过的电流为 100A 时，CT 的二次侧流过的电流为 5A。也就是说，CT 二次侧流过的电流只有原来导线的 1/20。要测量这个电流的话，此时还不能直接输入到 A/D 单元，所以需要进行如图所示的连接。

　　布线结束后，还需要进行开关的设定。通过桌面 PC 端的 "参数" ➡ "PC 参数" ➡ "I/O 分配设定" ➡ "开关设定"，即能显示设定画面。此时，可以按照产品手册上的介绍，仔细确认相关内容后再进行设定。

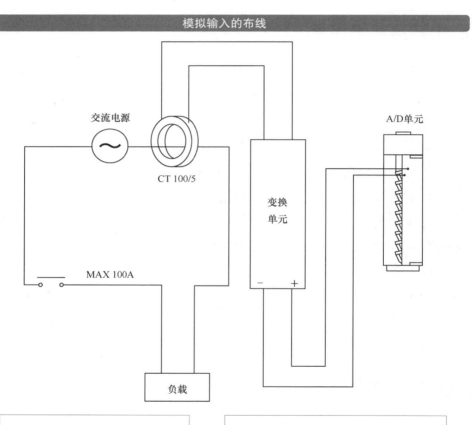

模拟输入的布线

交流电源

CT 100/5

MAX 100A

变换
单元

A/D单元

负载

即使是 5A，对于 A/D 单元来说还是太大了。CT 能测定的是变化的交流电，CT 的二次侧输出的也是交流电。由于 A/D 单元要求的是直流输入，所以需要用变换单元进行转换。

将对变换单元的输入选定为交流 0~5A，输出选定为直流 4 ~ 20mA。由于 A/D 单元也可以为电压输入，所以转换成直流电压也没有问题。在此，需要确认 A/D 单元的规格和输入范围，选择符合要求的 A/D 单元。

极简图解顺序控制原理和基本电路（原书第 2 版）

	设定项目		
开关 1	输入范围设定 □□□□H CH4 CH3 CH2 CH1	模拟输入范围	输入范围设定值
		4～20mA	0H
		0～20mA	1H
		1～5V	2H
开关 2	输入范围设定 □□□□H CH8 CH7 CH6 CH5	0～5V	3H
		−10～10V	4H
		0～10V	5H
		用户范围设定	FH
开关 3	未使用		
开关 4	□□□□H 00H：有温度漂移补偿 01H～FFH（00H以外的数值）：无温度漂移补偿 0H：普通分辨率模式 1H～FH（0H以外的数值）：高分辨率模式 0H：通常模式（A/D转换处理） 1H～FH（0H以外的数值）：偏置、增益模式设定		
开关 5	0H：固定		

CH1 为 1～5V，CH2 为 0～5V 时的开关设定为：
开关 1 = "0032"。

设定各通道的输入范围。如将输入范围设定为 "1H" 的 0～20mA，则在顺序控制器的程序中以 0～4000 的值进行处理。当 A/D 单元的输入为 20mA 时，顺序控制器中输入的值为 4000。

为了将 8 个通道（CH）均设置为 0～20mA，则开关 1 = "1111"，开关 2 = "1111"，开关 3 和 5 为 0。开关 4 如果需要的话再进行设定。

模拟量的转换（程序）

关于模拟量的转换，在上一节中，根据顺序控制器参数的开关设定写入了初始设定。接下来进行模拟量转换的程序制作。

▶▶ 初始设定部分

进行模拟量转换的程序也可以使用"TO"、"FROM"指令来实现。在此使用的是智能特殊功能单元设备，并假定根据其安装位置确定的单元号为"U4"，所以要将 A/D 转换特殊功能单元插入相应的单元插槽。

在如下页的图所示的程序中，第一行的指令在"U4"单元的"G0"中写入"H0FE"，这是进行 A/D 转换通道的选择设定。

下一行的指令在"U4"单元的"G1"中写入启动一次 A/D 转换，A/D 转换进行的平均次数或平均时间。在这个程序中，写入的是 A/D 转换进行的平均时间，因此会按照该平均时间，返回该设定时间内输入模拟量转换的平均值。

接下来一行是对"G9"的写入，是 A/D 转换输入通道"G1"~"G8"为次数平均还是时间平均工作方式的设定。由于刚才通过上一行的指令在"G1"中写入了 A/D 转换的平均时间，所以将 A/D 转换通道"G1"设定为时间平均的工作方式。最后，通过线圈"Y49"的置位进行设定的生效。该设定完成后，线圈"Y49"即被重置。

A/D 转换条件设定及启动

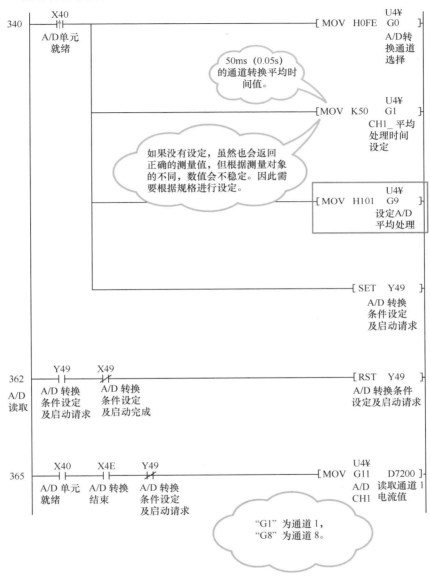

340 ── X40 ──[MOV H0FE U4¥G0]
A/D单元就绪 → A/D转换通道选择

50ms（0.05s）的通道转换平均时间值。

[MOV K50 U4¥G1]
CH1_平均处理时间设定

如果没有设定，虽然也会返回正确的测量值，但根据测量对象的不同，数值会不稳定。因此需要根据规格进行设定。

[MOV H101 U4¥G9]
设定A/D平均处理

[SET Y49]
A/D转换条件设定及启动请求

362 ── Y49 ──/ X49 ──────────────────────────────[RST Y49]
A/D读取 A/D转换条件设定及启动请求 A/D转换条件设定及启动完成 → A/D转换条件设定及启动请求

365 ── X40 ── X4E ──/ Y49 ────────────────[MOV U4¥G11 D7200]
A/D单元就绪 A/D转换结束 A/D转换条件设定及启动请求 → A/D CH1 读取通道1电流值

"G1"为通道1，"G8"为通道8。

▶▶ 转换结果的读取

A/D 转换结果数值的读取很简单，通道 1 的 A/D 转换结果数值存放在 "G11" 中，只需对其进行读取即可。在此，将读取的 A/D 转换结果数值传送到数据寄存器 "D7200"。需要注意的是，这个值还不是实际测量的电流值。

例如，假设测量电路中流过 100A 的电流，对应地在 CT 的二次侧流过 5A 的电流，并通过变换单元将其转换为 20mA 的直流电流。此时，A/D 转换单元的输入电流大小为 20mA，因此实际进入数据寄存器 "D7200" 的数值为 4000。

D/A 转换单元和 A/D 转换单元的想法基本类似。通过模拟量将顺序控制器内的数值向外输出的是 D/A 转换单元，其程序的思路也基本上和 A/D 转换相同，只是输入信号和输出信号的类型相反而已。

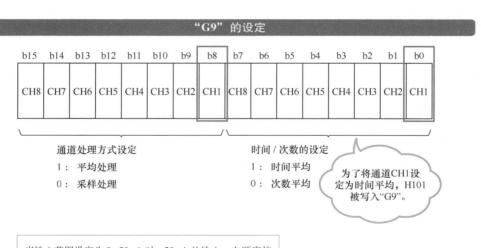

"G9" 的设定

b15	b14	b13	b12	b11	b10	b9	b8	b7	b6	b5	b4	b3	b2	b1	b0
CH8	CH7	CH6	CH5	CH4	CH3	CH2	CH1	CH8	CH7	CH6	CH5	CH4	CH3	CH2	CH1

通道处理方式设定

1：平均处理
0：采样处理

时间 / 次数的设定

1：时间平均
0：次数平均

为了将通道CH1设定为时间平均，H101 被写入"G9"。

当输入范围设定为 0~20mA 时，20mA 的输入，在顺序控制器内的输入值为 4000。在此，当被测电流为 100A 时，对应的输入为 4000 时，亦即 4000 除以 40 就是实际的电流值。

结构化的技巧

本节出现了"结构化"这个看起来有点难懂的词。结构化是程序制作的一种方法，也是应对近年来越来越复杂程序的有效方法。

▶▶ 结构化

如果在控制中存在多个相同的动作时，就需要多次绘制执行相同动作的程序。例如，在螺钉紧固装置的动作控制程序中，就需要画好几次螺钉紧固的部分，这将是很麻烦的。在结构化的程序制作方法中，只需要将这个螺钉紧固的部分单独绘制在程序中的某个地方，当主程序需要进行螺钉紧固动作的时候，调用该部分程序并执行就可以了。这个单独绘制在程序中的某个地方的程序被称为子程序。主程序是不断在进行扫描（运算）执行的，但是子程序部分由于处在程序"END"的后面，所以通常不会被扫描。由于子程序只在需要执行的时候被扫描，所以也能缩短主程序的扫描时间。在结构化程序制作方法中，通常将每一个细小的动作部分作为一个子程序来制作。更简单地说，就是制作一个用于某个细小动作控制的专用程序。

▶▶ 自变量和返回值

要想在实际应用中使用结构化程序设计方法，就有必要理解参数和返回值的概念。给某个子程序赋予一个值，并让其执行其运算操作，运算结束后会返回运算的结果。在此，所赋予的值被称为子程序的参数，返回的运算结果被称为子程序的返回值。

子程序：$a+100=b$

例如，假设有一个执行如上所述运算的子程序。如果，将 $a=10$ 的值赋予该子程序，子程序执行其运算后，则会返回 b = 110 的运算结果。在此，a = 10 的赋予值就是该子程序的参数，b = 110 就是子程序的返回值。

　　顺序控制器的程序通常都是从开头开始执行的，当执行到"END"处时再返回到程序开头继续执行。因此在进行子程序绘制时，需要在程序的"END"之前插入一个"FEND"，程序在执行到"FEND"时返回到程序的开头继续执行。在 FEND 和 END 之间进行子程序的绘制。此时，需要在电路左侧加上"P+编号"的子程序标号，如"P0"等。

子程序

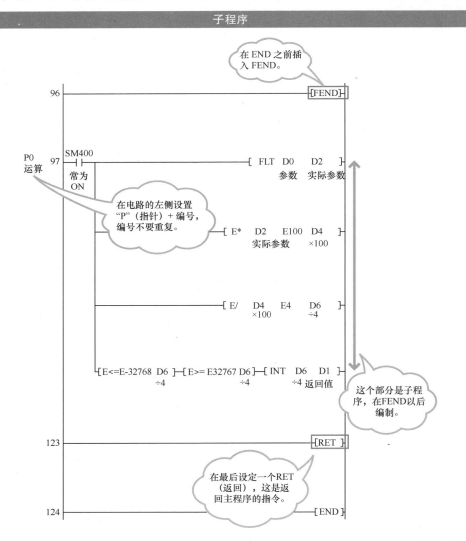

极简图解顺序控制原理和基本电路（原书第 2 版）

```
  M100
───┤├──────────────────────────────────────[ MOVP  K15   D0 ]
                                                          参数
 执行运算1

                                                    ┌[CALL   P0 ]┐
                                                    └    运算    ┘

                                                    ──────────────────────────[ MOVP  D1   D10 ]
                                                                 返回值  运算1
                                                                        的结果

  M101
───┤├──────────────────────────────────────[ MOVP  K30   D0 ]
                                                          参数
 执行运算 2

                                                    ┌[CALL   P0 ]┐
                                                    └    运算    ┘

                                                    ──────────────────────────[ MOVP  D1   D20 ]
                                                                 返回值  运算 2
                                                                        的结果
```

主程序通过"CALL"指令进行子程序的调用。在"CALL"之后加写上要调用子程序左侧的指针（P）及编号。

程序的结构化

　　在此以前面章节介绍过的螺钉紧固动作控制为例，进行控制程序的实际编写。并且尝试不使用 CALL（子 程序调用）指令的方法，简单地使用一下程序结构化方法。

▶▶ 螺钉紧固程序的结构化

　　以螺钉紧固加工工序的动作控制程序为例。当螺钉紧固器移动到需要执行螺钉紧固的位置时，螺钉紧固器将执行下降动作。这个时候，如果螺钉紧固对象的种类和高度都完全相同的话，这个下降动作就是完全一样的。因此，可以将螺钉紧固工序中这一动作部分的控制程序进行结构化。在这里，为了使得介绍简单明了，假设待紧固的螺钉是自动装入紧固器前端的。

　　在此进行的程序结构化，没有使用在主程序外绘制子程序，然后再通过 CALL 指令调用子程序的方法，而是简单地将执行螺钉紧固动作的程序直接画在了工序动作控制的梯形图中，以便能够在程序中方便地使用。因此，也会因为这个部分执行期间的每次扫描，使得程序的整体速度变慢，不适合高速测试设备的应用。

▶▶ 程序的结构

　　因为这仅是一个样例程序，所以还不能直接使用，在此只是想通过这样的一个简单例子，让读者能感受到程序结构化的意思就可以了。程序从触点"M0"接通开始动作，"M2"为开始螺钉紧固动作的触点。在稍下方的"M2"触点，发出"M310"的脉冲指令，通过该脉冲指令进行螺钉紧固动作的执行。

　　螺钉紧固动作完成后，线圈"M320"接通 0.1s 左右的时间。与此同时，"M320"的触点还会返回到程序的主体部分，进行主体步骤的控制，使得程序的控制步骤向前前进一步。在此可以看到，虽然这个螺钉紧固动作的程序只绘制了一次，但在程序中却得到了多次使用。

在此虽然没有使用 CALL 指令那样的子程序化方法，但这也是程序结构化方法的一种，是防止控制程序拖沓冗长而难以阅读的程序绘制方法。

此外，这样的程序结构化绘制方法，还可以使得想要改变螺钉紧固动作的时候，只需要对结构化部分中的螺钉紧固动作程序进行改变，就能实现所有的螺钉紧固动作的改变，非常方便。因为程序的制作和调试都很方便，所以需要请积极地使用这样的程序结构化方法。

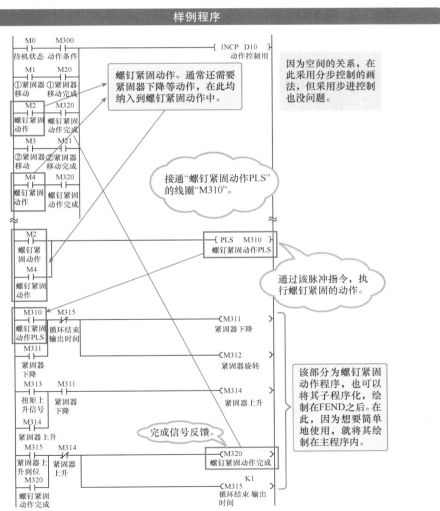

样例程序

因为空间的关系，在此采用分步控制的画法，但采用步进控制也没问题。

螺钉紧固动作。通常还需要紧固器下降等动作，在此均纳入到螺钉紧固动作中。

接通"螺钉紧固动作PLS"的线圈"M310"。

通过该脉冲指令，执行螺钉紧固的动作。

完成信号反馈。

该部分为螺钉紧固动作程序，也可以将其子程序化，绘制在FEND之后。在此，因为想要简单地使用，将其绘制在主程序内。

索引修饰

顺序控制器的索引修饰是一项在大量使用数据处理等的情况下非常方便的功能。在顺序控制器中，改变数据寄存器的值很简单，但是改变数据寄存器的编号是否能够实现呢？通过索引修饰功能则能使之成为可能。

▶▶ 索引寄存器

在顺序控制器的技术手册中介绍了"索引修饰是使用索引寄存器进行一种间接寻址方式"。虽然看起来很难，但实际使用起来很简单。特别是在需要处理很多数据的情况下，可以使用这种办法。

在顺序控制器中，改变数据寄存器的值很简单，但是改变数据寄存器的编号（元件号）是否能够实现呢？例如，如果在程序进行的数据处理中使用了一个数据寄存器"D0"，那么是否可以将这种数据处理更改到"D3"或"D100"等各种不同的数据寄存器上处理呢？为了实现这样的功能要求，顺序控制器提供了索引修饰的功能，使这样的处理功能成为可能，可以使用索引寄存器进行可变地址的操作处理。

在之前的介绍中，我们使用了作为数据暂存功能的数据寄存器，在此要实现可变地址的操作处理功能，则需要使用寄存器"Z"作为变址寄存器。变址寄存器"Z"值的操作处理可以像数据寄存器一样进行，如可以使用 MOV 指令进行写入等，其使用方法也很简单。首先，可以通过指令"MOVP K3 Z1"，在变址寄存器"Z1"中写入数值3。然后，如果像"D0Z1"那样在数据寄存器后面添加索引寄存器进行修饰，实际的操作对象就会变成"D0Z1"="D3"。

通过"D0Z1"这样的索引寄存器修饰的应用，可以给出"MOVP K1 D0Z1"这样的指令。如果预先设定索引寄存器"Z1"的值，然后再执行"MOVP K1 D0Z1"这样的写入指令的话，则可以变更写入目标数据寄存器的地址。因此，通过索引寄存器修饰，可以根据条件进行各种地址的变更。

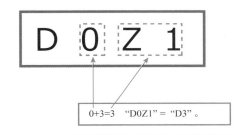

使用 "MOV K3 Z1" 指令，使 "Z1" 的值为 3。

像 "D0Z1" 那样，在 "D0" 后面添加修饰 "Z1"。于是

0+3=3 "D0Z1" = "D3"。

索引修饰不仅可以用于数据寄存器，也可以用于内部继电器，如 "M0Z1"。此时，如果 "Z1" 的值为 100，则与 "M100" 意义相同。

如果是 "M1Z0"，则其目标地址为 "M1" 地址部分的 1 和变址寄存器 "Z0" 的值相加的和。例如，如果 "Z0" 的值为 10，则目标地址为 "M11"。变址寄存器 "Z" 也有多个，其编号也从 0 开始，根据 CPU 的不同有不同的上界。此外，根据机型的不同，还可以使用变址寄存器 "V"。

▶▶ 使用方法

如果仅仅是以上介绍的应用方式，就没必要使用变址寄存器。对于变址寄存器的简单使用方法，我们将以结构化中使用的螺钉紧固动作为例进行介绍。

实际上，通过变址寄存器进行的索引修饰功能在处理大量数据的情况下是非常有用的。通过变址寄存器进行的索引修饰功能够使得程序的结构变得非常简单，所以即使目前不需要使用索引修饰功能，也需要记住顺序控制器具有这样的功能。

下图所示的电路图是控制螺钉紧固器的部分电路。当给顺序控制器输入螺钉紧固的位置后并给出开始信号时，螺钉紧固器依次进行 10 个位置的螺钉紧固操作。进行螺钉紧固操作时，当前紧固螺钉的编号信息输入到"D0"。

在螺钉紧固器动作期间，触点"X10"接通。在各位置的螺钉紧固正常完成的情况下，触点"X11"接通，在螺钉紧固不良的情况下，触点"X12"接通 0.5s 左右。

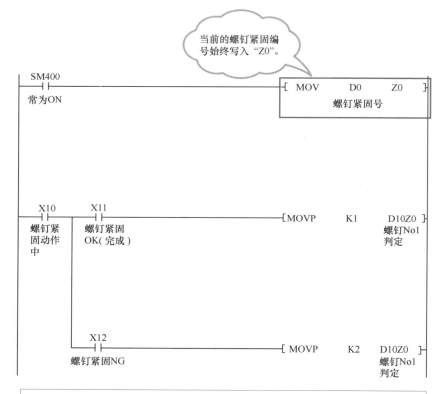

如上述电路所示，螺钉紧固 OK（完成）时写入 1，NG 时写入 2。于是，上一行的螺钉紧固 OK 信息进入"D11"，下一行的螺钉紧固 NG 信息进入"D12"。因为使用了变址寄存器，所以可以自动进行这样的顺序分配。

索引修饰的使用方法

在此尝试进行索引修饰的实际使用。但是，由于使用情况有限，所以没有必要勉强使用，在需要的时候使用。

▶▶ 数据组织

有的设备仅用于一种产品的加工，有的设备则可以加工多种不同的产品。如果是一台可以加工多种不同产品的设备，则需要根据加工产品的不同，进行加工动作和判定值的变更。

虽说是多种不同产品的加工，如果只是 10 种左右不同产品的话，加工控制也没有什么问题。但是如果是 1 万种左右不同产品加工的话，加工控制就会变得异常复杂。如下一页的表所示，此时就需要按一定的规则对加工产品进行分类。

其中，"大条件"是对加工产品进行大致分类的条件。如果用汽车来做比喻的话就是汽车的"制造商"。"条件"则是更详细的具体条件。如果用汽车来做比喻的话就是汽车的"排气量"。

需要注意的是，如果制造商 A 的汽车有 1600cc 的排量，那么即使制造商 B 没有这样的排量，也必须对制造商 B 设定 1600cc 排量的条件。当然，此时的条件下不会有对应的值。如果条件数据排列的方式不固定，就不能进行方便的运算。

▶▶ 数据读取

在此以"大条件 2"下的"条件 5"进行加工产品种类变更为例进行介绍。此时，需要在"D0"中输入 2，在"D1"中输入 5。

通常情况下，需要确保"D0"和"D1"的值大于或等于 1，然后分别对两者都进行减 1 操作。也就是说，其数值需要从 0 开始。当

"D0"为1，"D1"为4时，由于一个"大条件"由40个文件寄存器组成，一个"条件"由4个文件寄存器组成，因此可以用下面的公式计算其文件寄存器的地址。

$$（"D0"\times40）+（"D1"\times4）=（1\times40）+（4\times4）=56$$

● 大条件1

条件	数值1	数值2	数值3	数值4
1	ZR0	ZR1	ZR2	ZR3
2	ZR4	ZR5	ZR6	ZR7
3	ZR8	ZR9	ZR10	ZR11
4	ZR12	ZR13	ZR14	ZR15
5	ZR16	ZR17	ZR18	ZR19
6	ZR20	ZR21	ZR22	ZR23
7	ZR24	ZR25	ZR26	ZR27
8	ZR28	ZR29	ZR30	ZR31
9	ZR32	ZR33	ZR34	ZR35
10	ZR36	ZR37	ZR38	ZR39

● 大条件2

条件	数值1	数值2	数值3	数值4
1	ZR40	ZR41	ZR42	ZR43
2	ZR44	ZR45	ZR46	ZR47
3	ZR48	ZR49	ZR50	ZR51
4	ZR52	ZR53	ZR54	ZR55
5	ZR56	ZR57	ZR58	ZR59
6	ZR60	ZR61	ZR62	ZR63
7	ZR64	ZR65	ZR66	ZR67
8	ZR68	ZR69	ZR70	ZR71
9	ZR72	ZR73	ZR74	ZR75
10	ZR76	ZR77	ZR78	ZR79

这里的 ZR 是文件寄存器，即使用锁存器区域的数据寄存器也没有问题。在此分别用不同的数值进行"大条件"和"条件"的指定。例如，当"D0"为1时对应"大条件1"，"D1"为5时对应"条件5"，即读入文件寄存器"ZR16"~"ZR19"的值。

如果增加大条件和条件数量的话，加工产品的数量也会增加。此外，也可以设定更详细的条件。

　　如果要读取"大条件2"下"条件5"的第一个数据项（表的左侧，数值1的栏），则其文件寄存器的地址为"ZR56"，这与上述地址运算得出的结果一致。在此，因为有4个数据项，所以只需按顺序进行读取就可以得到所有数据项的值。虽然在此使用的数据量较少，但实际上，即使是20000个以上的文件寄存器，通过这样的方法，也可以轻松地从 20000 多个文件寄存器中读取所需的数据。

导入数据

B30
读取
PB

[< K0 D0]─[< K0 D1]   [PLS M100
大条件   条件   读取 PLS

M100
读取
PLS

如果不是1以上的
值则会发生错误，
因此不能执行。

[─   D0   K1   D10
      大条件   大条件
                    索引

[─   D1   K1   D11
      条件   条件
                    索引

[*   D10   K40   D12
      大条件   大条件
      索引   索引2

（「D10」×40)+（「D11」
×4)=(1×40)+(4×4)

[*   D11   K4   D14
      条件   条件
      索引   索引2

[+   D12   D14   D16
      大条件 条件   索引号
      索引2 索引2

将得到的结果写入索引
寄存器"Z1"中。这里
写入 56。

[MOV   D16   Z1
             索引号

M100
读取
PLS

[MOV   ZR0Z1   D20
               读出值1

[MOV   ZR1Z1   D21
               读出值2

因为"Z1"的值为 56，
所以将"ZR56"～
"ZR59"的值读取到
"D20"～"D23"。

[MOV   ZR2Z1   D22
               读出值3

[MOV   ZR3Z1   D23
               读出值4

循环的处理

在梯形图程序中，一般很少能看到循环的处理，尽管这在 BASIC 等语言所编写的程序中是理所当然地使用的。由于程序适用对象的不同，所以在梯形图中不怎么使用，因此只简单介绍一下循环处理的使用方法。

▶▶ 循环的处理

在梯形图程序中，使用"FOR""NEXT"进行循环的处理。循环的处理是指，程序从起始位置开始运行到"END"的过程中，在遇到用"FOR"和"NEXT"包围的区间内，重复执行指定的次数。

在进行循环区域重复执行的过程中，扫描到"NEXT"后，则返回到"FOR"的位置，再次扫描到"NEXT"时会再次返回到"FOR"的位置。如果该区间的循环达到了指定次数，则会向后继续扫描，直到扫描到程序的"END"时，再返回到程序的起始位置。

实际上，如果不能熟练地使用变址寄存器，则循环的处理就完全没有意义。这是因为，在梯形图程序中，即使进行多次循环的相同处理，其结果也是一样的。为了进行有意义的循环的处理，则需要每进行一次处理就会改变变址寄存器的值，从而改变变址寄存器所指定的设备。

▶▶ 使用"FOR""NEXT"

在下一页的程序中，如果输入触点"X0"接通，线圈"M0"就会以脉冲的形式接通 1 次。在其后有一个使用"FOR""NEXT"进行的循环处理。因为循环处理的次数设定为 K10，所以循环进行的次数为 10 次，亦即重复执行"MOV K0 D0"指令 10 次。

这个程序的循环处理有什么意义呢？其实是毫无意义的，因为不

管循环处理进行多少次，其处理的结果都是一样的。也就是说，没有
必要进行循环。

　　实际的循环处理是通过与索引寄存器的结合来进行的，如下一页
的程序所示。如果能够熟练使用循环处理的话，即使是一个非常复杂
的处理也能轻松地描绘出来。

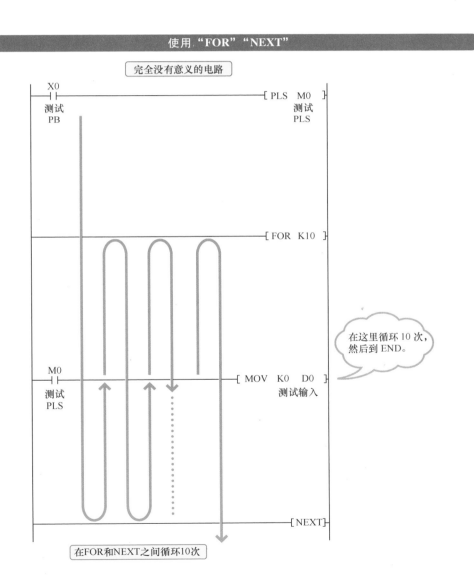

使用"FOR""NEXT"

完全没有意义的电路

在这里循环 10 次，然后到 END。

在 FOR 和 NEXT 之间循环 10 次

第 7 章　顺序控制程序的创建

第7章

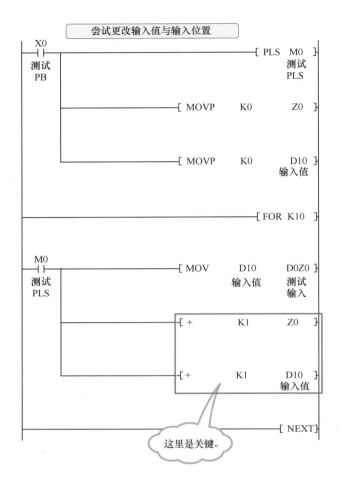

在此，传送源的值和传送目标位置均随着重复次数而变化。运行结果为，在"D1"中写入"1"，在"D2"中写入"2"，在"D9"中写入"9"。这样的操作，对于数据寄存器，实现了连续变化的数值相继写入连续编号的数据寄存器中。

如果能熟练使用循环处理的话，即使是一个很复杂的处理也能简单地描绘出来。

极简图解顺序控制原理和基本电路（原书第 2 版）

7-27

浮点数、字符串的处理

到目前为止，我们已经介绍了只使用数值（整数）的程序。最后尝试使用与此不同的数值或非数值的程序编制。这虽然给人一种很难的印象，但因为是侧重于使用方法进行的介绍，所以完全没有必要将其想象得有多困难。

▶▶ 浮点数

浮点数也被称为实数数值的表示方法。例如，数据寄存器使用 16个二进制比特位的组合来进行整数数值的表示。而浮点数的数值表示需要通过两个数据寄存器（32 位）来进行，以进行具有小数部分的实数数值表示。

浮点数的实数数值表示方法的位格式在顺序控制器技术手册中有详细介绍，但是暂时还不需要了解其详细细节，所以在此省略这方面的介绍。因为可以进行小数的处理，所以在进行除法操作时也能计算到小数点以下的位数。在使用方法上，如果在指令前加上字母"E"的话，则可对所有这样的指令操作作为实数来处理。

但是，由于指令内都是以实数来处理的，所以不能使用常数"K10"等，而需要用"E10"等这样的实数来指定。

此前使用的整数表示的数据寄存器的值也可以转换为实数，这样的转换需要使用 FLT 指令来进行，转换后的数值被作为实数写入数据寄存器。如果要指定某个数据寄存器的值为实数，则需要使用"E"作为前缀的指定。

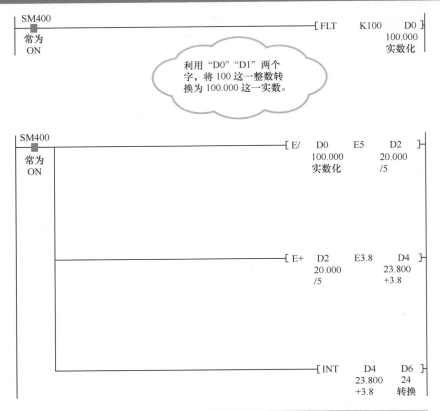

浮点数的计算例子

利用"D0""D1"两个字,将100这一整数转换为100.000这一实数。

> 通过在指令前附加上前缀"E",可以将数据寄存器的值全部作为实数来处理。因为常数也需要用实数来指定,所以采用了如"E3.8"这样的指定,因此需要按实数来处理。最后的INT指令是将实数值转换为16比特的整数值,这样的转换可以根据需要加以使用。

▶▶ 字符串

可以采用类似于实数处理的方法进行字符串类型的数据处理。这里的字符串类型的数据实际是一串 ASCII 码(严格来说使用的是"JIS 8 单位符号")。串行通信等进行指令收发时,基本上都使用 ASCII 码进行。

ASCII 码可以用于英文、数字和片假名等的表,一个数据寄存器可以存储两个字符。在数据寄存器中不直接放入文字符号,而是通过位的组合来进行字符串的表示，并且基本上均采用十六进制数来表示。

如果要进行字符串的处理，需要在指令前附加上前缀"＄"（有些型号的 CPU 不能进行字符串的处理）。

需要注意的是，通过串行通信接收数据时，测量值是以字符串表示的数字，因此必须将字符串表示的数字转换成整数。

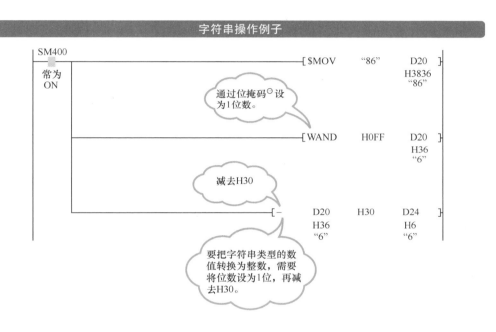

字符串操作例子

通过在指令前附加上前缀"＄"，可以将数据寄存器的值全部作为字符串来处理。字符串常数需要用""来圈定。虽说是字符串，但实际上是 ASCII 码数值，所以在监视器中显示为数值。

○　位掩码，使特定位被忽略的方法。

低4位 \ 高4位	0	1	2	3	4	5	6	7	8	9	A	B	C	D	E	F
0	NUL	DLE	Sp	0	@	P	`	p				一	タ	ミ		
1	SOH	DC1	!	1	A	Q	a	q			。	ア	チ	ム		
2	STX	DC2	"	2	B	R	b	r			「	イ	ツ	メ		
3	ETX	DC3	#	3	C	S	c	s			」	ウ	テ	モ		
4	EOT	DC4	$	4	D	T	d	t			、	エ	ト	ヤ		
5	ENQ	NAK	%	5	E	U	e	u			・	オ	ナ	ユ		
6	ACK	SYN	&	6	F	V	f	v			ヲ	カ	ニ	ヨ		
7	BEL	ETB	'	7	G	W	g	w			ァ	キ	ヌ	ラ		
8	BS	CAN	(	8	H	X	h	x			ィ	ク	ネ	リ		
9	HT	EM	)	9	I	Y	i	y			ゥ	ケ	ノ	ル		
A	LF	SUB	*	:	J	Z	j	z			エ	コ	ハ	レ		
B	VT	ESC	+	;	K	[	k	{			オ	サ	ヒ	ロ		
C	FF	→	,	<	L	¥	l	¦			ャ	シ	フ	ワ		
D	CR	←	_	=	M	]	m	}			ユ	ス	ヘ	ン		
E	SO	↑	,	>	N	^	n	~			ヨ	セ	ホ	゛		
F	SI	↓	／	?	O	_	o	DEL			ッ	ソ	マ	゜		

专栏

编程是一种经验

　　不仅是顺序控制器程序，任何一个好的编程都需要经验的积累。一般来说，程序可以按照自己喜欢的方式编写，编制方法和顺序也都是自由的。如果有 10 个人进行同一个程序的制作，将会得到 10 个不同的程序，虽然其动作也是一样的。那究竟有什么不同呢？

　　不同之处在于程序的构想。程序的指令和语句等，通过相关的设备手册就能学会，只要按照设备手册介绍的方式进行程序的制作，程序就可以正常运行。初学者和高手的区别归根结底在于程序的构思，进行某种处理时的结构和想法是不同的。

极简图解顺序控制原理和基本电路（原书第 2 版）

编写一个好程序的能力只有通过经验的积累才能获得。只有当我们阅读了各种各样的不同程序之后，才能分辨程序的好坏，最终将好的部分融入到自己的程序中。当然，也不能只模仿别人的程序，还必须根据处理内容进行灵活应对。

但是，对于编写一个好程序能力的培养也没有必要着急，可以在学习顺序控制的过程中逐步掌握。实际上，不是每个人都能从一开始就能写出一个好程序的，一个好程序编写能力的培养需要积累经验并不断提高。因此，也不要浮躁，要沉下心来，认真学习。

ZUKAINYUMON YOKUWAKARU SAISHIN SEQUENCE SEIGYO TO KAIROZU NO KIHON〔*DAI 2 HAN*〕

by Yukimasa Takenaga

Illustrated by Tatsuhiko Maeda

Copyright ⓒ Yukimasa Takenaga，2021

All rights reserved.

Original Japanese edition published by SHUWA SYSTEM CO.，LTD.

Simplified Chinese translation copyright ⓒ 2024 by China Machine Press.

This Simplified Chinese edition published by arrangement with SHUWA SYSTEM CO.，LTD，Tokyo，through HonnoKizuna，Inc.，Tokyo，and Shanghai To-Asia Culture Co.，Ltd.

北京市版权局著作权合同登记 图字：01-2022-6347 号

图书在版编目（CIP）数据

极简图解顺序控制原理和基本电路：原书第 2 版/（日）武永行正著；高明等译. --北京：机械工业出版社，2024.7. --（易学易懂的理工科普丛书）.

ISBN 978-7-111-76094-8

Ⅰ．TM710-64

中国国家版本馆 CIP 数据核字第 2024YH4357 号

机械工业出版社（北京市百万庄大街 22 号　邮政编码 100037）

策划编辑：任　鑫　　　　　　责任编辑：任　鑫　朱　林

责任校对：张勤思　梁　静　　封面设计：马精明

责任印制：李　昂

河北泓景印刷有限公司印刷

2024 年 8 月第 1 版第 1 次印刷

170mm×230mm · 17 印张 · 225 千字

标准书号：ISBN 978-7-111-76094-8

定价：79.00 元

电话服务　　　　　　　　　　网络服务

客服电话：010-88361066　　机　工　官　网：www.cmpbook.com

　　　　　010-88379833　　机　工　官　博：weibo.com/cmp1952

　　　　　010-68326294　　金　书　网：www.golden-book.com

封底无防伪标均为盗版　机工教育服务网：www.cmpedu.com